Gerhard Ochsenfeld

PRIM ORDIUM

– zurück
zum Ursprung:

neue Dimension der Raumakustik

Druckvorstufe: Gerhard Ochsenfeld, Velbert – Langenberg

Kontakt Autor /
   Direktvertrieb des Autors:

Raumakustik Premium e. K.
Unterer Eickeshagen 30
42555 Velbert – Langenberg
www.raumakustik-premium.de

gerhard@raumakustik-premium.de

Umschlag (Entwurf, Satz, Text): Gerhard Ochsenfeld, Velbert
Illustrationen (Fotos u. Grafiken): Gerhard Ochsenfeld, Velbert
ausgenommen jeweils bezeichnete Bildzitate:
Seiten 95, 96, 99, 109, 117, 138, 140, 141.

Herstellung und Verlag: BoD – Books on Demand, Norderstedt

Vertrieb (*online + eBook*):
            https://www.bod.de/buchshop/

ISBN-13:   978-3-754-37977-6 – Paperback –
            auch als **eBook** erhältlich

das **Buch zum Poster**

Im Rahmen der **DAGA 2022** in **Stuttgart**
vom 21. - 24. März 2022
finden Posterpräsentation
und Vortrag statt.
Um einen umfassenderen
Einblick bieten zu können,
entstand dieses Buch.

Wenn man auch das
ursprüngliche Wesen der Dinge
nicht **sehen** kann,
so muss man aber doch anerkennen,
dass es *ist*.

Lukrez
Über das Wesen der Welt

erstes Buch,
Verse 268 – 270

aus:
Titus Lucretius Carus
De rerum natura

(in eigener Übersetzung,
Bezug nehmend auf den lateinischen Text der Ausgabe von:
Philipp Reclam jun. GmbH & Co. KG, 1973,
Lateinisch/Deutsch)

raumakustik-premium.de

Inhaltsverzeichnis

Teil III
Sinnsuche mit Suchsinn

Dummy des **ReFlx**-Systems in Glas
auf Edelstahlträgern

*(die hier gezeigte Elementbreite von nur 600 mm
käme in der Praxis so nicht in Frage)*

summa summarum

Rein physikalisch betrachtet bedarf es – zwecks Entstörung der Raumkanten – nicht mehr als zweier unterschiedlich angewinkelter Schilde, die – unbedingt im *freien* Raum vor der Raumkante – je nach Frequenz in unterschiedlicher Gewichtung zwei Zwecke erfüllen:

Erstens wird in der Raumkante die Potenzierung des Schalldrucks gestört,

zweitens gelangt weniger Druckenergie in die Raumkante.

Drittens unterstützt die Reflexion am äußeren, also dem Raum direkt zugewandten Schild, die mittleren und höheren Frequenzen: Tiefere Frequenzen geraten relativ ins Hintertreffen, so dass die allgemeine Schwäche der mittleren und höheren Frequenzen innerhalb geschlossener Räume hervorragend kompensiert wird.

Die Wirksamkeit betrifft insbesondere sehr kleine und kleine Räume, bis zu mittelgroßen Räumen.

Der negative Einfluss der Raumkante, je größer ein Raum ist – oder je weniger schlauchig ein Raum ist, oder je weniger ein Raum von zusätzlichen Kanten (Fallbeispiel: Treppenhaus) akustisch beeinträchtigt wird – tritt umso mehr gegenüber anderen Einflüssen in den Hintergrund.

Teil I

Was es ist

... um Worte zu finden

Beim Entwurf meines Posters für die *DAGA 2022* in *Stuttgart* fragte ich mich natürlich, wie ich mit einem griffigen Titel Aufmerksamkeit würde erlangen können, ohne reißerisch zu wirken.

Kernige – und zugleich hinreichend zurückhaltende – Sprüche und Schlagwörter waren oder sind schon in Gebrauch, die passend erschienen. So gelang es mir nicht ohne längere Suche, einen Titel zu finden – den ich nun auch gleich für mein zweites Buch über die Akustik nutze.

Ende der 90er Jahre gab es bereits einen Slogan, der mein Konzept – nun für die Raumakustik – durchaus gut hätte beschreiben können.
‚Reduce to the max'.
Man muss es neidlos anerkennen: Darauf war schon jemand gekommen. Dereinst bewarb man mit diesen Worten ein Kraftfahrzeug, mit dem man sich tatsächlich auf die Kernfrage von Individualmobilität beschränkt hatte: Ein Fahrersitz und – nicht zu verachten – ein zweiter Sitz rechts daneben.
Aber nicht einmal ein gewöhnlicher Mineralwasserkasten soll in den nur noch so genannten „Kofferraum" gepasst haben – falls man auf dem Heimweg von der Arbeit mehr einkaufen wollte, als eine tiefgefrorene Pizza und eine Flasche Wein.
Besonders aber muss ich hier den nachgerade futuristischen Entwurf hervorheben: Im Grunde sausen

karrosserierte Polstersitze über die Straßen. Damit war zugleich ein Vorgriff auf die E-Mobilität gelungen: Wo der Antriebsmotor verborgen sein mochte, erschloss sich für die erste Modellgeneration nicht auf den ersten Blick. Der Entwurf ließ eher an Einzel-Radmotoren denken.

Wie auch immer: Ich sah mich genötigt, mich verbal weiter zu reduzieren.

Ich kann es nicht auslassen, auch Philips zu erwähnen, die mit „simplicity" schon in den 90er Jahren die Beschränkung auf das Notwendigste zumindest zu ihrem Image mit klarem Wiedererkennungswert gemacht hatten.

„Primitivo" ging mir noch durch den Kopf. ... gibt es schon. „Ursprünglich" – der Name einer Rebsorte. Vielleicht ging mir dieses Wort auch nur deshalb durch den Kopf, weil mir Weine dieser Sorte schon durch den Kopf gelaufen sind: über die Zunge.

Primitivo, ein italienischer Rotwein, der lange Zeit eher ein Geheimtipp gewesen sein soll – nun aber mindestens einer der beliebtesten italienischen Rotweine. Gemeint ist mit dem Namen natürlich, dass die Beschränkung auf das Ursprüngliche auch bereits die Beschränkung auf das Wesentliche sei – bei diesem Wein.

Ich kann nicht sagen, wie angesehen es ist, den Primitivo zu schätzen und zu mögen. Aber offenbar kommt der wahre Weinkenner nicht mehr darum herum, ihn schätzend zu achten.

Wein hin... ohne Weinen her: Mein Suchen ging weiter. Ich ging weiter zurück.

Nun hätte ich sicherlich mit wenig Rechercheaufwand zu den Ursprüngen des „Teutschen", gar hin zu germanischen Sprachen finden können, um wenigstens das eine oder andere markige Schlagwort setzen zu können.

Aber „die Germanen" sind ja nun einmal nur so eine gedankliche Erfindung der Moderne – nachdem die alten Römer uns dazu schon eine ebenso rein gedankliche Vorlage geboten hatten: Als „Germanen" bezeichneten „die Römer" irgendwann nach verschiedenen Misserfolgen begrifflich einfach alle menschlichen Erscheinungen, die irgendwo etwa nordöstlich von Donau und Rhein beim besten Willen von Pracht und Gewalt des übermächtigen römischen Reiches nicht zu unterjochen waren.

Eins aber waren „die Germanen" weder, noch waren sie sich einig. Übrigens auch sprachlich nicht, was ja allgemein bekannt ist.

Und so fand ich mich mit Spaß und Neugier bei den Römern ein – und der lateinischen Sprache.

Unangemessen ist es ja nicht, sich auf die einen oder auf die andere zu beziehen: Sowohl kulturell als auch sprachlich sind die weitreichenden und bedeutenden Einflüsse auf unser heutiges Leben und unsere heutige Sprache weder zu übersehen noch – mit welchen kunstvollen Winkelzügen etwaig auch immer – zu verleugnen.

Für einen Titel meines Posters zur **DAGA 2022** besann ich mich also der lateinischen Sprache, um auf das Wesentliche anzuspielen:

Primordium.

Der Ursprung.

Auch übersetzt als ‚der erste Anfang' – was spontan
gequält anmutet. Aber Sinn macht!

Bei Lukrez wohl auch als ‚*ordia prima*'; ‚*ordior*' =
beginnen, ‚*primus*' = der erste [als Zusatz] oder =
der vorderste Teil. (*Langenscheidts Handwörterbuch
Lateinisch-Deutsch, 5. Aufl. 1975*)

Ich habe Lukrez' ‚*de rerum natura*' bisher nur in Auszügen übersetzt gelesen, noch weniger in verschiedenen
Versen aus dem Lateinischen heraus selbst übersetzt.
Ich bin bei ihm etwa auf ‚rerum primordia' gestoßen
– der Welten [oder Dinge] Ursprung – und schwanke
schlussendlich, was die Wörterbücher mir überhaupt
sagen möchten mit ihren unvollständigen und wider-
sprüchlichen Nennungen:

‚ordia prima' = primordia (*Langenscheidts Schulwörter-
buch Latein; 1960 (I), 1969 (II), 1997*). Dazu aber im Schul-
wörterbuch ebenso wie im umfangreicheren Handwörterbuch (der so bezeichneten „ungekürzten Schulausgabe",
1975) von Langenscheidt letztlich nur:

‚primordium', als Neutrum.

Schlussendlich nun also ziehe ich es vor, ‚**prim ordium**'
zu übersetzten mit: „**das Allererste**".

Solche Ungereimtheiten im Detail lassen wie beiläufig
auch recht gut erahnen, wie brisant es ist, aus teils schwer
lesbaren, teils nur noch bruchstückhaft verbliebenen
Originalschriften, schlimmer aber noch, aus Abschriften
(durch die immer wieder auch unwägbare Veränderungen
eingeflossen sind), sinnvoll und klar rückzuschließen auf
Sprache und Botschaft lang vergangener Zeit.

Ich hatte mir – siehe auch Seite 5 – partiell die Mühe
gemacht, Lukrez unmittelbar aus dem Lateinischen
heraus selbst zu übersetzen, weil Karl Büchner (*Lukrez,
De rerum natura / Welt aus Atomen – Lateinisch/Deutsch;
Reclam, 1973*) mir insgesamt in seiner zu nahen, zu un-
mittelbaren Übersetzung doch etwas zu sehr um das
Wesen und den Inhalt, eben um die wahre Botschaft des
Lukrez herumschwurbelt.

Diese Übersetzung von Lukrez' *,de rerum natura'*
verrät zumindest, dass der Übersetzer mit dem Lateinischen des Lukrez auch nicht recht warm werden mochte:
Grauslich, qualvoll, und – selbst wenn ich dem Übersetzer
zugute halten wollte, dass er den originären Versen habe
gerecht werden wollen – oftmals allzu offenkundig an
einzelnen Versen oder Satzteilen, bisweilen gar am Inhalt
selbst gescheitert, hat er aber zumindest Deutsch-
sprachiges niedergeschrieben.

Eines – und besonders – muss ich Büchner wohl zugute
halten: Der Verlag führt in der Vorbemerkung aus, Lukrez
sei – zumindest in diesem 7.415 Verse umfassenden
Brief an Memmius (*laut „getabstract.com" wird Lukrez'
„Freund Memmius" als der Feldherr Gaius Memmius
vermutet*) – die Darlegung seiner Thesen wichtiger gewesen als ein sprachlich, ein literarisch wertvolles Werk
zu erschaffen. Sich gleichsam vorab entschuldigend, hebt
also der Verlag hervor, was sich in der Lektüre ausnahmslos beweist: Lukrez strukturierte nicht gut verdaulich,
sondern ließ elende Bandwurmsätze ungeschliffen ins
Kraut schießen. Die Teile dieser endlosen Sätze als
„Verse" zu bezeichnen, beschönigt formal, was
dadurch nicht lesbarer wird.

Der langen Rede kurzer Sinn: Lukrez hatte es schon seinen Zeitgenossen nicht eben leicht gemacht, ihn zu genießen – und zu verstehen. Um ein Wievielfaches schwerer wird es, wenn Zeiten und Kulturen den schweren Vorhang der sprachlichen Barriere vor seiner großartigen Bühne aufgezogen haben – der Lukrez' Sprache so schwer verständlich macht?

Selbst wenn Lukrez naturwissenschaftlich betrachtet so manchen Unsinn auszuführen versteht, so ist das aber doch der Zeit und – technologisch betrachtet – der mangelhaften Erkenntnisfähigkeit geschuldet.

Wenn Büchner nun ‚de rerum natura' mit „Welt aus Atomen" übersetzt, so mag ihm das verständig erscheinen – allein, es wird der Tragweite des originären Werkes nicht einmal annähernd gerecht. Was ich sehr bedauere.

Ich meinerseits übersetze den Titel mit „Über das Wesen der Welt".

Im Grunde war Lukrez schon in seinen naturwissenschaftlichen Betrachtungen seiner Zeit ganz weit voraus – und ungezählten Jahrhunderten, ja mehr als anderthalb Jahrtausenden danach nicht minder. Darüber hinaus unbedingt auch aus philosophischen Gründen hätte *Titus Lucretius Carus* einen Rang und ein Ansehen noch deutlich vor Platon verdient.

So sehr ich – ich hatte es in „Durch die Raumakustik muss ein Ruck gehen" angerissen – etwa einen Platon schätze für seine Betrachtungen zu Mensch, Gesellschaft und Politik, so sehr ich ihn schätze für die Einblicke in Leben und Schicksal des Sokrates oder seinen Bericht über seine Erfahrungen in Syrakus (sein so genannter ‚Siebenter Brief'):

Platon war ein privilegierter Bürger, der in seiner deutlichen Weigerung, die wahren gesellschaftlichen Verhältnisse seiner Kultur vorbehaltlos und selbstkritisch zu beobachten, allerdings dann doch etwa von einem Aristoteles noch mit einer entschiedenen Selbstgewissheit überboten wurde.

Nur…
Was hat all das mit dem **ReFlx**-System zu tun?

Über die Weiterentwicklung von den Q-Boxes über die C-Cases hin zum **ReFlx**-System, über die Fragen nach den Ursachen für unsauberen Raumklang und schlechte Sprachverständlichkeit, bin ich zum Ursprung gelangt.

Und mit dem Ursprung schließt sich der Kreis: Lukrez dort mit seiner Suche nach dem Wesen der Welt – ich meinerseits hier mit der Suche nach einer ganz unkomplizierten, direkten und ursächlichen Lösung vor allem für die Probleme mit der Sprachverständlichkeit.

So schließt sich der Kreis am Titel selbst: *primordium* – der Ursprung, das Allererste.

Ich komme nicht allein um der Entstörung des Raumes willen zum Ursprung zurück – zur Raumkante – sondern auch um der Unterstützung der mittleren bis höheren Frequenzen willen – wiederum zur Raumkante.

Die Notwendigkeit, den mittleren bis höheren Frequenzen in geschlossenen Räumen eine Unterstützung zuteil werden zu lassen – gegenüber den tieferen Frequenzen – bemerkte schon… *Wallace C. Sabine.*

eigenhändige Bleistiftzeichnung nach einer Fotografie
von Wallace C. Sabine,
veröffentlicht vom ‚American Institute of Physics‘

Ein Schritt zurück als Fortschritt

Längst ist ein Credo wie ‚Back to the Roots' kein Bekenntnis mehr zu einer – im negativen Verständniskontext – „Primitivität". Sondern im Gegenteil ist heute das Bekenntnis zur „Einfachheit" und die „Beschränkung auf das Notwendige" häufig sogar eher ein sehr exklusiver Hype – den sich eben längst nicht jeder leisten kann. Und der dann mit dem Ursprünglichen auch oftmals viel weniger zu tun hat, als das Marketing kernig verspricht.

So ist mir bewusst, dass ich niemanden mehr schrecken kann und es auch niemanden schrecken muss, wenn ich von mir behaupte, „zurückgegangen" zu sein – zum Ursprung.

Aber mir ist eben auch bewusst, dass es nichts Weltbewegendes mehr ist, von sich zu behaupten, sich auf das Ursprüngliche oder das Notwendige zu beschränken. Schwierig wird es eher, wenn man keine „Evolution" im Sinne von so genannter Hochtechnologie zur Einfachheit erheben muss, sondern im Gegenteil, wenn sich eine Lösung eher als so banal erweist, dass sie vielleicht zuvor ganz schlicht übersehen worden war.

Das **ReFlx**-System bricht also mit so mancher gewohnten Regel.

So kann man zum Beispiel das **ReFlx**-System in Glas oder Feinsteinzeugen und auf Edelstahlträgern – dann auch nicht mehr unbedingt „kostengünstig" – Gebäuden in Stahl und Glas oder auch in anderer Weise ausgefallenen architektonischen Entwürfen anpassen.

Aber das **ReFlx**-System gibt es auch kostengünstig – und dennoch keineswegs hässlich, sondern vielmehr noch immer optisch zurückhaltend, bescheiden, unaufdringlich. Und vor allem: zeitgemäß. Nämlich: in Holzwerkstoffen.

Ziel war es mir von Anfang an, und eine dringende Herausforderung, dem Ursprünglichen zweierlei zu entlocken:

Wo die pekuniären Spielräume klein sind, da sollte das Ursprüngliche dem Bedürfnis erschwinglich dienen.

Dort aber, wo die Deckung der Bedürfnisse zugleich kostspielig zur Kunst erhoben werden darf, da sollte mithin die Reduktion das erkennbare Merkmal sein. – Klarer, aber weniger schön ausgedrückt: In Glas wird das **ReFlx**-System auch exklusiv.

Ich stelle Ihnen zuerst diese aufwendigere Reduktion vor, weil sie das Wirkprinzip leichter erkennbar macht.

Glas – nicht nur ein Synonym

… für Transparenz.

Glas ist sichtbar – und von nun an auch hörbar – die Transparenz überhaupt.

Dabei darf jeder mit Fug und Recht in Zweifel ziehen, ob ich berechtigt davon spreche, auf den Ursprung zurückgegangen zu sein, wenn ich zur Umsetzung so etwas Wunderbares wie Glas einsetze – das aber rein technisch betrachtet doch einigen Aufwand erfordert: Man muss die Technik beherrschen und schlussendlich auch nicht wenig Energie einsetzen, um Glas herstellen zu können.

Hier muss ich entgegen halten:

Das Konzept beruht auf physikalischen Grundgesetzmäßigkeiten, die ich mir auch zunutze machen könnte, wenn ich aus einem Stück Baum mühsam, aber allein von Hand und mit Schnitzwerkzeugen schallharte Platten, zum Beispiel aus der Buche oder der Eiche, herstellte.

So könnte man etwa mit einer… sagen wir… siebten oder neunten Klasse durchaus einmal in der Werkkunde oder einer AG das Projekt angehen, eine jede Schülerin und einen jeden Schüler genau eine Frontplatte aus Buche oder auch Fichte fertigen zu lassen: Die grob im Sägewerk geschnittene und raue, allein angemessen abgelagerte Platte nutzend, ohne jeden weiteren Maschineneinsatz, sogar ohne die bereits aufwändigere Erfindung von Raspel oder Schleifpapier in Anspruch zu nehmen.

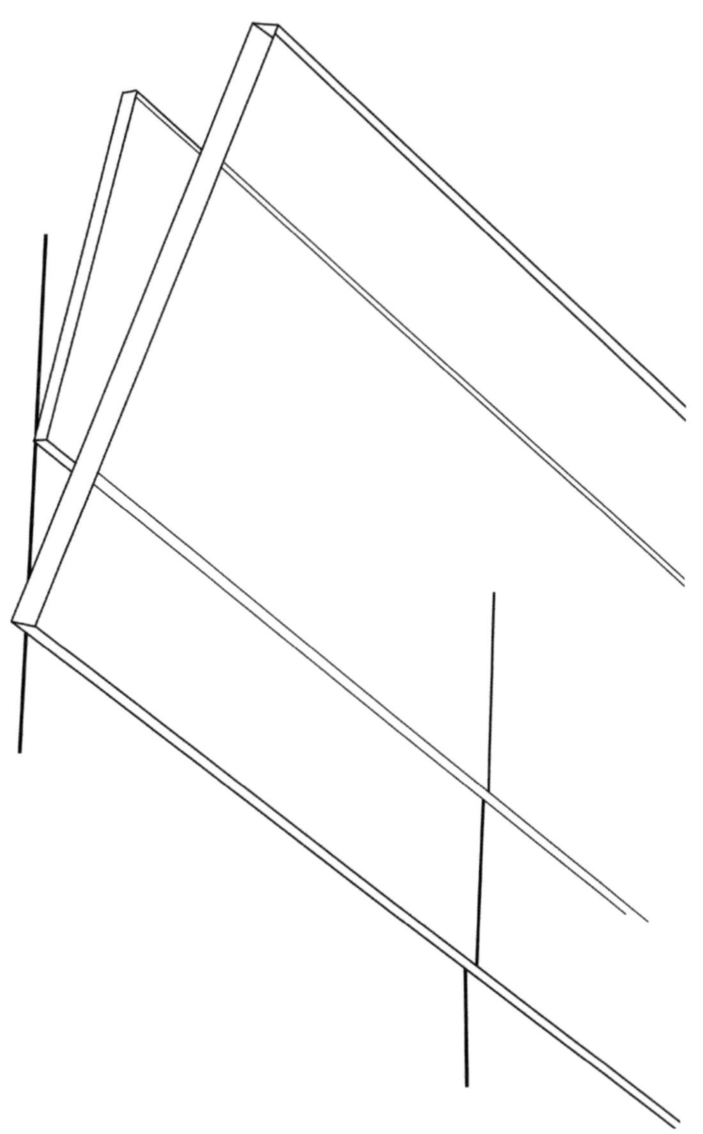

Es möge kein falscher Eindruck entstehen: Glas ist etwa 3,5 mal dichter als das Holz der Buche oder Eiche, gar mehr als fünf mal dichter als Fichtenholz. Dennoch ist – und allemal mit härterem Holz – grundsätzlich die Wirkung dieselbe, die erzielt werden kann. Praktische Versuche haben genau das gezeigt – und selbstverständlich erwartungsgemäß auch, dass das Resultat mit Holz im Klang „wärmer" erscheint.

Ausführungen in Glas und auf Stahlträgern sind Ausführungen, derer die Architektur – resp. die Innenarchitektur – in dem einen oder anderen Fall ebenso bedarf, wie auch solcher Ausführungen in Feinsteinzeugen, dann ebenfalls auf Stahlträgern.

Und eines möchte ich außerdem voranstellen und hervorheben: *Hier* geht es nicht mehr allein um so genannte Kommunikationsräume.

Sondern hier geht es um *jede* Räumlichkeit, die uns akustisch aufdringlich werden kann – und somit besonders um Räume, die in ihren äußerst unvorteilhaften Verhältnismäßigkeiten von Raumkanten zu reflektierenden Flächen hervortreten. Und die regelmäßig sogar gering bis gar nicht möbliert sind.

Am augenfälligsten und deshalb selbstredend: Flure. Oder ganze Treppenflure bzw. so genannte „Treppenhäuser".

Aber auch zum Beispiel: Foyers. Und diese in jeder Größe: In jedem Fall bewahren Foyers sich so die positiv einnehmende Weite – nämlich durch die Halligkeit, die dem Raum erhalten bleibt.

Welchen Sinn soll das haben, wenn zum Beispiel ein Foyer noch immer laut und hallig ist? So darf man nun mit Fug und Recht fragen.

Jedoch…

Es ist dann nicht mehr aufdringlich laut. Heißt: Es entwickelt sich kein Lärm mehr. Sondern es ist nach der Installation des **ReFlx**-Systems – nun im akustischen Sinne – klar, hell und weit.

Es ist ja keineswegs grundsätzlich ein negatives Erlebnis, einen Raum hallig vorzufinden. Im Gegenteil kann es sogar gerade ein positives, ein unterbewusst beruhigendes, und auch ein sehr erhebendes Erlebnis sein, wenn die relative Weite eines Raumes, die das Gehirn optisch wahrnimmt, durch die akustische Raumantwort bestätigt wird.

Lärmende, dumpf dröhnende oder auch hoch, spitz und schrill sich aufbauende Geräusche aber entstehen nun nicht mehr, wenn der Raum mit dem **ReFlx**-System über die Raumkanten beruhigt worden ist: Lärm kann sich in den Raumkanten nicht mehr aufbauen. Als Verstärker und ggf. auch als Modulator sind die Raumkanten „ausgeschaltet".

Ein Raum wiederum, der eher klein, gedrungen, beengend, vielleicht – wie bei einem Flur – durch die schlauchige Erscheinung gar erdrückend wirkt, der nun aber noch immer hallig klingt, ohne dass sich Lärmspitzen aufbauen, zudem nun frei von dröhnendem oder klirrendem Charakter, kann wiederum sehr befreiend wirken.

Es ist weder angemessen noch pauschal vorteilhaft, allem und jedem Klang und Schall unterschiedslos mit Absorption zu begegnen.

Die Wirkung in „kleinen" Räumen

Zunächst zur Einteilung: Klassenräume sind mit runden 180 bis 250 m³ fast ausnahmslos noch immer – nach der Einteilung der DIN 18041 – „kleine Räume". Selbst von Ihrem geräumigen Wohnzimmer ist dort also kaum die Rede.

Das ist aber auch der Grund, weswegen ich gern die Betonung auf „bis" lege: ‚Kleine *bis* mittelgroße Räume', in denen die Raumkante einen so verheerenden Einfluss nimmt, wenn sie nicht explizit berücksichtigt wird.

Man kann die Klassifizierung nicht pauschal angehen. Man muss fließend differenzieren: Je kleiner ein Raum ist, desto stärker treiben die Raumkanten ihr Unwesen.

Aber auch: Je ungünstiger seine Form im Hinblick auf das Verhältnis von Kantenlängen zu der Gesamtfläche von Wänden, Decke und Boden ist, desto mehr reißt die Raumkante die Oberhand an sich – und wandelt ein jedes Geräusch, ist es nur laut genug, in bloßen Lärm.

Darüber hinaus sind Nischen und Versprünge im Raumentwurf ebenfalls von großem Nachteil: Nicht ein Versatz von 10 cm, aber schon ein Betonträger an der Decke von 30 oder 40 cm Versatz, ein eckiger Versatz von 50 x 100 cm hinten im Raum, eine Nische neben der Tafel… bieten zusätzliche und ungünstige Kanten.

Anhand eines Beispiels sei verdeutlicht, worum es geht: ein Klassenraum von 7 m x 10 m bei 3 m Raumhöhe – und demselben Raum mit einem baulich bedingten Versatzstück hinten links von 0,8 m x 2 m.

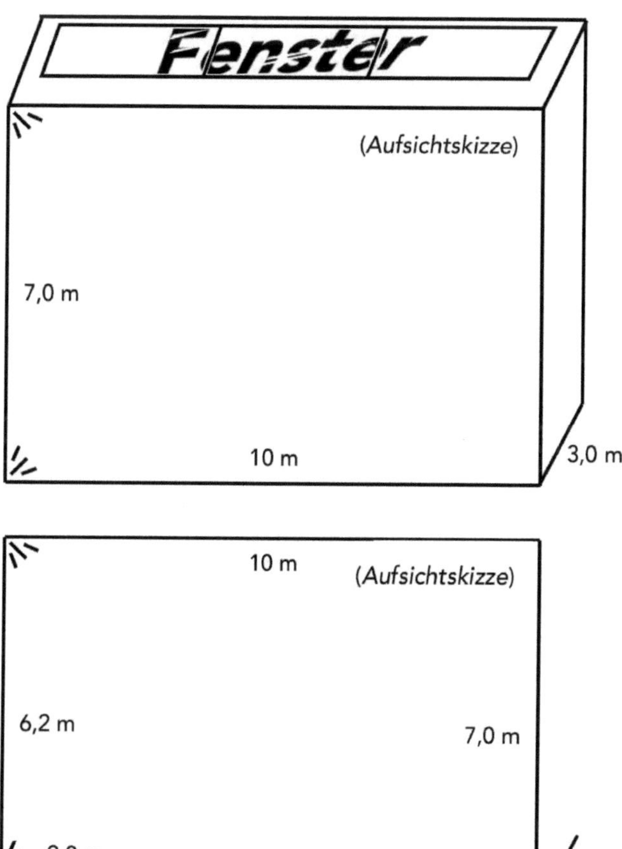

Ein Raum von 7 m x 10 m = 70 m², bei 3 m Raumhöhe = 210 m³. Verhältniszahl Kanten zu Oberflächen = 0,331 (darauf gehe ich auf den nächsten Seiten näher ein).

Derselbe Raum mit Versatz hinten hat 68,4 m², 205 m³, aber eine Verhältniszahl für Kanten zu Flächen von 0,334. Das deutet nur vage die Richtung an, denn tatsächlich sind die Schüler*innen hinten zusätzlich 3 statt 2 potenziell lärmenden Senkrechten ausgesetzt.

Diese Problematik betrifft noch in ganz besonderem Maße Flure oder Treppenhäuser.

Ich möchte das anhand von Größenbeispielen verdeutlichen:
Eine Dreifach-Sporthalle mit Raummaßen von 45 x 27 x 9 m (die Gesamthalle bei geöffneten Trennwänden) kommt auf 10.935 m³ Volumen.
Im ganz reduzierten Modell, also ohne die Besonderheiten der jeweiligen Hallen zu berücksichtigen, ergibt sich für eine solche Dreifach-Sporthalle ein Gesamt von 324 m Raumkante – zu einem Flächengesamt (Wände, Decke, Boden) von 3.726 m².

Ich muss hier klar hervorheben, dass die Betrachtung, das Gesamt der Kantenlänge (m) durch das Gesamt der Flächen (m^2) zu teilen, nur vorbehaltlich mathematisch Sinn macht. Rein mathematisch betrachtet bedeutet, Meter durch Quadratmeter zu teilen, den Bruchteil $^1/_m$ zu erhalten.
Dennoch gibt dieser Faktor einen ersten groben Aufschluss über die Problematik des Verhältnisses von tatsächlich vorhandenen Innenkanten zu dem Gesamt der Raumflächen.
Am anderen Ende der Betrachtungen, den kleinsten Kubus, der in ganzen Zahlen, also vollen Metern, noch beschrieben werden kann, ist der Kubikmeter:
1 x 1 x 1 m = 1 m³.
Der Kubikmeter hat 6 m² begrenzender Flächen – aber 12 m Kanten!
Das heißt, Kantenlängen zu Flächengesamt ergeben hier die Verhältniszahl 2.

DIN 18041:2016-03 definiert seinen Anwendungsbereich w.f.:

"Diese Norm gilt für Räume mit einem Raum-
volumen bis etwa 5.000 m³, für Sport- und
Schwimmhallen bis 30.000 m³. Sie legt die raum-
akustischen Anforderungen, Empfehlungen und
Planungsrichtlinien zur Sicherung der Hörsamkeit
vorrangig für die Sprachkommunikation einschließlich der dazu erforderlichen Maßnahmen fest."
*(DIN 18041:2016-03, 1 – Anwendungsbereich;
Seite 5 oben)*

Gern und unbedingt gilt es, die Raumkanten auch
in so großen Räumlichkeiten wie etwa Sporthallen zu
entschärfen. Aber selbstverständlich als Störfaktor
spielen die Raumkanten hier bereits eine kleinere Rolle.

Ich möchte die Problematik verdeutlichen, indem ich
die Verhältnismäßigkeiten im Hinblick auf die Raumkante
vergleiche:

Klassenraum einer Berufs-Pflegefachschule (Kopfstärke
der Klassen: 12 bis max. 16 Schüler*innen):
Grundfläche: 5,75 m x 5,85 m = 34 m²
Volumen bei knapp 3 m Raumhöhe: 101 m³
Verhältniszahl Raumkanten ÷ Gesamtflächen: 0,426

Klassenraum R122 der Städt. Realschule Waltrop:
6,75 m x 9,18 m = 62 m²
Raumhöhe 3,4 m: 210 m³
Verhältnis Raumkanten ÷ Ges.Fläche: 0,333

Klassenraum einer Grundschule, Altbau:
7,00 m x 9,81 m = 69 m²
Raumhöhe 3,32 m: 228 m³
Verhältnis Raumkanten ÷ Ges.Fläche: 0,323

ein Flurgang für 3 Klassenräume:
28,35 m x 2,65 m = 75 m²
Raumhöhe ca. 3,4 m: 255 m³
Verhältnis Raumkanten ÷ Ges.Fläche: 0,381
Trotz größerer Grundfläche ist im Flur mehr Kantenstrecke vorhanden. Zusätzlich liegt sich mehr der Flächen dicht gegenüber (nicht nur Decke zu Boden, sondern hier, außerdem noch enger, Wand zu Wand).

Dreifachsporthalle:
45 x 27 m = 1.215 m²
9 m Hallenhöhe: 10.935 m³
Verhältnis Raumkanten ÷ Ges.Fläche: 0,087

Zu diesen Verhältniszahlen der Raumkanten zu Gesamtinnenflächen des Raumes muss ich hier einschränkend und auch ernüchternd feststellen, dass die Raum*ecken* als besonders laute Bereiche überhaupt nicht berücksichtigt sind. Somit sind diese Verhältniszahlen in der Tat nur ganz grobe Richtungszeichen, hingegen noch keine verwertbaren „Berechnungen".

Tatsächlich nämlich potenziert das Aufeinandertreffen von drei Flächen, also eine *Ecke*, mehr Schallenergie, als das Aufeinandertreffen von zwei Flächen, also im Übergang von Wand zu Decke oder von Wand zu Wand.

<u>Beispiel eines Besprechungsraumes</u> für
Teamkonferenzen mit bis zu 24 Personen; Kopfwand
komplett frei für Projektionen; Rückwand Küchenzeile;
die Fensterfront nur schwach segmentiert, fast homogen,
gegenüberliegend Sideboards und Bücherregale bis max.
2,2 m Höhe
   5 m x 12,6 m = 63 m²
   Raumhöhe 3 m: 189 m³
   Verhältnis Raumkanten ÷ Ges.Fläche: 0,356
   Wegen des Teppichbodens und sehr vieler und gut ge-
nutzter Bücherregale an der einen Längswand erscheint
der Raum spontan und in ersten Gesprächen in Klein-
gruppen recht angenehm. Tatsächlich sind Videobeiträge
muffig und lärmend; die Sprachverständlichkeit im Austausch aller Teilnehmenden am langen Tisch ist miserabel.
Unter diesen Umständen sind die größten Hör- bzw.
Sprechabstände über den langen Tisch in der Standard-
aufstellung für bis zu 15 Personen bereits ca. 6,5 m,
bei stärkerer Belegung mit bis zu 24 Personen und
entsprechend erweiterter Tischzusammenstellung mehr
als 9,5 m.
   Hier könnte die Installation des **ReFlx**-Systems für
Abhilfe sorgen. Für ein angenehmes akustisches Klima
böte sich ein System in Holzwerkstoffen, vorzugsweise
mit dem weicheren Fichtenholz, auf jeden Fall an.
   Die Erfahrungen aus den Klassenräumen in Betracht
ziehend, wo auch jeweils die Fensterfront unberück-
sichtigt geblieben ist, reicht es für den vorangehend
beschriebenen Raum voraussichtlich bereits vollkommen
aus, bei geringem Montageaufwand nur die Stirnseite
des Raumes (hier möglichst auch ergänzend in den Senk-

rechten), die Rückwand je nach noch freien Möglichkeiten und die eine lange Seite im Übergang von Wand zu Decke mit dem **ReFlx**-System, und vorzugsweise in Holz, auszustatten.

Wiederum die Erfahrungen aus den Klassenräumen berücksichtigend, werden dann auch ältere Personen – und eben auch solche mit subtilen oder offenkundigen Hörbeeinträchtigungen – davon so stark profitieren, dass Überlegungen zur Installation elektroakustischer Unterstützungen obsolet sind.

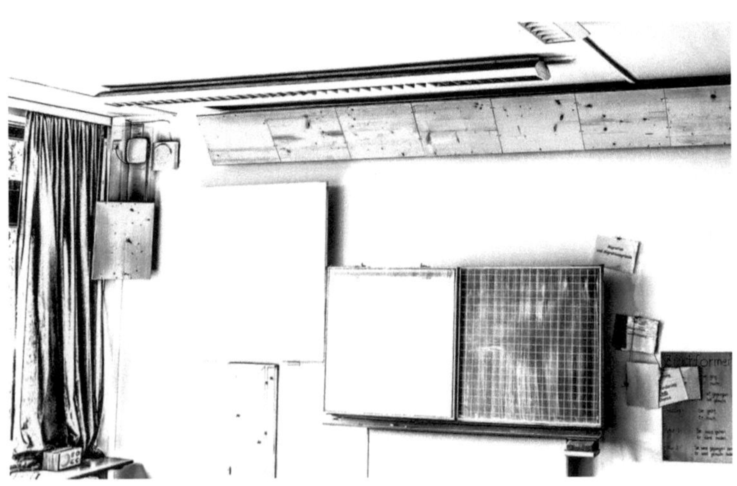

Raum 122 der Städt. Realschule Waltrop

Das ReFlx-System erleben

Allgemein herrscht in durchschnittlichen Klassenräumen das Problem, dass diese nach Bedämpfungsmaßnahmen mittels vollflächig akustisch wirksamer Decken als dumpf empfunden werden und dass die Räume als „extrem anstrengend" beschrieben werden.

Die anfängliche Begeisterung über solche Formen der Bedämpfung ist nur allzu verständlich – und wird regelmäßig erzielt, weil die Räume zunächst einmal spontan durch die Ruhe und die hohe Stressentlastung positiv auffallen. Im dauerhaften Unterrichtsbetrieb bemerken die meisten Lehrkräfte jedoch sehr bald als unangenehm, dass sie permanent lauter sprechen (müssen), um sich in der Klasse verständlich machen zu können – und auch selbst mehr die Ohren spitzen müssen, um Schülerbeiträge verstehen zu können.

Im Durchschnitt sind es jüngere Lehrkräfte, und regelmäßig sind es auffällig Lehrkräfte beiderlei Geschlechts, die bereits von sich aus ohnehin eher laut und mit kräftiger Stimme sprechen, die sich von dieser nachteiligen akustischen Auswirkung unbetroffen zeigen.

Andererseits gibt es nicht unerwartet aus Schulen, in denen der Unterrichtsbetrieb ganz überwiegend auf Gruppenunterricht hin ausgerichtet ist, seltener oder gar keine solche Klagen.

Und somit insbesondere in weiterführenden Schulen, wo eine auf Lehrkraft und die Projektionsfläche bzw. Tafel hin ausgerichtete Unterrichtsführung stets und weiterhin einen erheblichen Anteil des Unterrichts ausmacht, fällt die schlechte Sprachverständlichkeit für diese Form der

Raumbedämpfung besonders negativ auf.

Das muss einerseits wundern, wenn man beobachtet, dass in DIN 18041 diese Form der Bedämpfung von Räumen als unbedenklich empfohlen wird, dergemäß für Abstände von nicht über 8 m zwischen Sprecher und Hörer (*DIN 18041:2016-03, „Ordnungszahl 5 – Hinweise für die Planung für Räume der Gruppe A"*) der Direktschall ausreichend sei und die Installation elektroakustischer Anlagen in jedem Falle nicht erforderlich.

Das muss andererseits *nicht* wundern, wenn man beobachtet, dass es insbesondere Lehrkräfte ab Mitte 40, Anfang 50 Jahren sind, von denen Klagen über die starke Anstrengung und über zusätzliche Belastungen nach Bedämpfungsmaßnahmen zu hören sind.

Für die Räume, die mit dem **ReFlx**-System ausgestattet worden sind, hat sich nun erwiesen, dass selbst unter den widrigen Umständen der Pandemie die Sprachverständlichkeit mindestens als „verbessert" beschrieben wird. Manche Lehrkräfte bezeichnen die Sprachverständlichkeit sogar ausdrücklich als „gut".

Das darf ein wenig erstaunen, wenn man bedenkt, dass wegen des Lüftens der Räume vielfältige akustische Störungen zum Standard gehören: Die Türe zum Flur hin ist überwiegend geöffnet, um eine Luftumwälzung zu begünstigen – bedeutet aber auch, dass die Klassen sich über den langen und akustisch ungünstigen Flur gegenseitig stören. Und über die Geräusch- bis Lärmeinflüsse, die über geöffnete Fenster in die Unterrichtsräume eindringen, muss man schon kaum ein Wort verlieren,

Raum 116 der Städt. Realschule Waltrop,
ausgestattet mit C-Cases,
aber ebenfalls mit sehr positiver Beurteilung:
Die kleinere Frontfläche führt zu 7 Quadratmetern
Reflektorfronten für Raum 116 (gegenüber 8,6 m² für
Raum 122, der später auch noch besprochen wird).

Teilansicht Raum 116:

wenn eine Schule in der Stadtmitte angesiedelt ist: häufig Martinshörner, regelmäßig Glockengeläut, unregelmäßig und unterschiedlich laut Rangieren und Be- und Entladen von Lkw, unregelmäßig und penetrant Laubbläser und Kettensägen… Ich könnnte die Aufzählung nahezu endlos fortsetzen und dazu eine eigene Geschichte von den städtischen Geräuschen und Klängen schreiben, von geringfügigen Nebensächlichkeiten hier, die dort eine bedeutsame Störung sind, von schönen, gar lieblichen Klängen hier, die dort eine irritierende Ablenkung sind. Ich schreibe diese Geschichte nicht.

Dass trotz solcher zahlreicher und intensiver Störungen die Sprachverständlichkeit als „verbessert" bis gar „gut" empfunden wird, liegt ganz besonders an der Unterstützung der mittleren bis höheren Frequenzen, die maßgeblich darüber entscheiden, ob Sprache gut verständlich ist – oder muffig, dumpf und unklar.

Und so ist da der Anfang 60-Jährige, der in seinem „ersten Leben" als Tischler – nach seiner eigenen und subjektiven Einschätzung – mit *sehr* viel und *zu* viel Maschinenlärm konfrontiert war, der (noch ohne Hörgeräte) bereits von der hohen Wirksamkeit der C-Cases (für Raum 116 der Städt. Realschule Waltrop) extrem überrascht und angetan war. Bereits dort und noch ohne Hörgeräte äußerte er, auch bei sehr leiser Sprechweise, und auch wenn er nicht direkt angesprochen wurde, klar und deutlich verstehen zu können.
Da er inzwischen selbst Hörgeräte trägt, hat seine nun auch für die Weiterentwicklung geltende Begeisterung –

für das **ReFlx**-System in den Räumen 122 und 222 also – nicht mehr überrascht.

Oder da ist die ältere Dame von inzwischen 70 Jahren, die sich mit ihrer offenkundigen Schwerhörigkeit bisher so gut arrangiert hat, dass sie noch immer keine Hörgeräte trägt – und die für alle drei genannten Räume praktisch unterschiedslos die außerordentlich gute Sprachverständlichkeit hervorhebt.

Die darf hier einmal exemplarisch stehen für jene älteren Lehrkräfte, die noch immer unterrichten: Die bei vielfach vergleichbarer Betroffenheit mit 65 oder 66 Jahren fließend in die Teilzeit übergehen und weiter unterrichten, für das eine oder andere Jahr oder auch für sehr viele Jahre.

Vom Hören mit Beeinträchtigung

Von ganz besonderem Interesse waren mir also diese, die Vorgenannten, die sich selbst als spürbar beeinträchtigt im Bereich der mittleren und höheren Frequenzen beschrieben haben – und deren Beeinträchtigungen ich im Austausch und Kontakt mit ihnen auch einschätzen kann.

Denn in DIN 18041 ist von diesen die Rede – für die man so engagiert kämpft um jeden Quadratmeter absorbierender Fläche und um ein jedes höhere Maß der Schallverschlingung, wenn es darum geht, den Wettbewerb unter den effektivsten Absorbern auszutragen.

Aber in Räumen mit vollflächig bedämpfender Decke zeigt sich par excellence, wie sehr eine DIN 18041 fehl geht, wenn wahrhaftig „auf Teufel komm' raus" auf Absorption gesetzt wird:

> „Die Sprachverständlichkeit ist vor allem durch den Sprach-Gesamtstörschalldruckpegel-Abstand ($L_{SA} - L_{NA}$) gegeben [...]. Modellrechnungen und Erfahrungen zeigen, dass eine störungsfreie Sprachverständlichkeit umso eher gewährleistet werden kann, je geringer das Störgeräusch (L_{NA}, zwischen 30 dB und 40 dB) und je geringer die Nachhallzeit (T, zwischen 0,3 s und 1 s) ist."
>
> *(DIN 18041:2016-03, Anhang C – „Sprachkommunikation", Seite 27/28)*

Zutreffend an dieser Aussage ist, dass „Lärm" in der Umgebung immer ein Problem ist – und am anderen

Ende des Betrachtungsrahmens die Ruhe die Optimalumgebung darstellt. Zutreffend mag auch sein, dass Erfahrungsberichte diese Grundannahme bestätigen – nämlich vor dem Hintergrund der Erwartungshaltung und der Umgebungsbedingungen:

Wenn ich mit in unterschiedlicher Weise nicht guten Umgebungsbedingungen konfrontiere, dann bekomme ich aber für die *relativ* besseren Bedingungen die gewünschte Bestätigung.

Mit einer im wissenschaftlichen Sinne belastbaren Überprüfung hat das nichts zu tun, weil sozusagen die harte Antithese fehlt.

Auch die im Grunde einen ganzen Vers lange Bandwurm-Wortschöpfung, die trefflich selbsterklärend ist, ändert daran nichts:

Sprach-Gesamtstörschalldruckpegel-Abstand.

Gute Sprachverständlichkeit wird eben **nicht** „vor allem" durch diese Differenz zwischen realem Umgebungslärm und der Lautstärke eines Sprachsignals bestimmt – sondern hängt lediglich **auch** damit zusammen. Genauso wie auch die Nachhallzeit nicht **das** Kriterium für gute Sprachverständlichkeit ist – und vor dem Hintergrund des Störschalldruckpegelabstandes noch nicht einmal an zweiter Stelle steht. Sondern ebenfalls deutlich nachgeordnet, spielt die Nachhallzeit **auch** eine Rolle.

Nachgerade mustergültig belegen das die Räume 122 und 222 der Städtischen Realschule Waltrop jeweils auf ihre Art.

Frau Schreier, Hörgeräteakustik-Meisterin, stellt zu vollflächig bedämpfenden Decken fest: „Was einmal von

Raum 222 der Städt. Realschule Waltrop, ausgestattet mit reduzierten Elementen, im sichtbaren Bereich (Fronten und Seiten) aus Fichte-Dreischicht; reduziert bedeutet, dass ich rückwärtig weniger Absorption gewählt habe, da die Raumkanten weniger stark beruhigt werden mussten. Bei einer Höhe der Frontreflektoren von 380 mm ergibt sich hier insgesamt eine Reflektorfläche von knapp 6,2 m².

Zwischenschritt während der Montage: Trägereinheiten auf Stahlwinkelprofilleiste

den mittleren und höheren Frequenzen absorbiert ist, das kann auch das teuerste Hörgerät nicht zurückholen."

In „Durch die Raumakustik muss ein Ruck gehen" hatte ich dazu bereits ausführlicher ausgeholt.

Mit Raum 222 der Städt. Realschule Waltrop zeigt sich, wie mit dem **ReFlx**-System einerseits der noch verbliebene, der durch die vollflächig bedämpfende Decke bereits zumindest abgeschwächte störende Effekt der Raumkanten ganz ausgeschaltet wird, und wie andererseits durch die Reflexion vor den Raumkanten die mittleren und höheren Frequenzen eine so starke Unterstützung geboten bekommen, dass man auch in diesem Raum wieder leise sprechen kann, ohne dass das gesprochene Wort seine Klarheit und seine Feinheiten verliert.

Die Beschreibungen der im Hörsinn beeinträchtigten Personen zu ihren Erfahrungen in diesem Raum mit dem Hören, und im Vergleich dazu auch mit ihren Hörerfahrungen in anderen Räumen bestätigen das genau so.

Wichtig und aufschlussreich ist das, weil aus dem Querschnitt aller Erfahrungsberichte von Lehrkräften mit unterschiedlichen akustischen Raumbedingungen deutlich hervorgeht, dass die Probleme mit dem Hörsinn für Lehrkräfte ab Mitte 40 bis Anfang 50 praktisch durchgängig relevant – und belastend – werden.

Nichts Besonderes: die Reflexion

Nun ist es natürlich nicht neu – und sogar in DIN 18041 wird dieses Mittel erwähnt – dem Schall mit Reflexion auf die Sprünge zu helfen.

Aber DIN 18041 empfiehlt die Reflexion als probates Mittel der Schalllenkung eben gerade *nicht* für die kleinen Räume. Und behandelt das Problem der mangelhaften Schallübertragung eher in einem Kontext, der mit den klassischen Kommunikationsräumen de facto gar nichts zu tun hat, nämlich im Kontext der Volumenkennzahl.

Diese Kenngröße passt für Klassenräume ebenso wie für Besprechungsräume in Verwaltungen und Unternehmen allemal. Eher ist es noch so, dass man so viele Schülerinnen und Schüler, oder so viele Beschäftigte in einem Raum gar nicht sinnvoll unterbringen kann.

Nach DIN 18041 und Volumenkennzahl für Sprache könnten in einem Klassenraum von 6,5 m x 9,25 m, auf 60 m^2 oder in 180 m^3, 30 bis 45 Schülerinnen und Schüler untergebracht werden. Lehrkräfte rollen zu Klassenstärken oberhalb von 24 Köpfen freundlich und bescheiden mit den Augen. Und Lehrkräfte, die dauernd 30 und mehr Lernende in ihren Klassen haben, erkennt man häufig am wundgeriebenen Nervenkostüm.

Auch in Unternehmen hat man immer wieder gern 45 Personen in einen einzigen Besprechungsraum zusammengedrängt – für etwa eine Viertelstunde. Und selbstverständlich gab es das nur in Vor-Corona-Zeiten: Wenn es zum Beispiel galt, eine Mitarbeiterin oder einen

Mitarbeiter herzlich in den Ruhestand zu winken, die
oder der nicht hoch genug gestanden hatte, um eine
„ordentliche" Verabschiedung zu genießen, es aber doch
wiederum nicht so sang- und klanglos enden sollte. Für
ihre oder seine Zuverlässigkeit von allen geschätzt, aber
so rein persönlich von den meisten gemieden, möchte
zumindest bei der Verabschiedung ausnahmslos jeder
kurz Präsenz gezeigt haben...

Gearbeitet aber wird unter solchen Bedingungen
nirgends.

Wenn die Klagen von Lehrkräften oder wenn die
Klagen von Mitarbeiterinnen und Mitarbeitern oder von
Führungskräften über mangelhafte Sprachverständlichkeit
im Unterricht oder bei Arbeitsgesprächen immer nur bei
mir ankommen, aber scheinbar nicht jenen Personenkreis
erreichen, der für die Normierung von Raumakustik zu-
ständig ist, dann dürfen selbstverständlich Fragen aufkommen, wie denn das wohl zustande kommen mag
oder sein kann.

Ich habe mich das *nicht* gefragt. (*Nun gut: Ein bisschen
schon...*)

Ich habe mich vielmehr gefragt, wie Sprachverständlichkeit auch in kleinen Räumen und auf jeden Fall ohne
die Nutzung von Elektroakustik grundlegend und
entscheidend verbessert werden könnte.

Die Reflexion als probates Mittel lässt sich noch recht
gut ausmachen. Selbst aus DIN 18041 heraus muss man
sich fragen, weshalb man sich diese nicht auch in so genannt „kleinen" Räumen zunutze macht. Aber DIN 18041

selbst beantwortet das – ich war bereits darauf eingegangen: Die Sache mit der Distanz zwischen Mund und
Ohr…

Die Problematik mit dem Direktschall und mit dieser
Maßgröße von 8 Metern Distanz für originäre Sprachsignale hatte ich aber auch in meiner Publikation „Durch
die Raumakustik muss ein Ruck gehen" bereits ausführlicher behandelt. Darauf gehe ich an dieser Stelle also
nicht erneut umfassend ein.

Neu ist nun, explizit den mittleren und höheren
Frequenzen

erstens mit Reflektoren

zweitens aus der Raumkante heraus auf die Sprünge zu
helfen, dieses

drittens in Form eines simplen und seriell herstellbaren
Modells folglich

viertens jedermann zur Verfügung zu stellen, weil es
keine teure und aufwändige Maßnahme darstellt.

Fünftens, so könnte ich vielleicht noch anfügen, lässt
sich das **ReFlx**-System erfolgreich einsetzen, auch wenn
man zuvor eine kostenintensive Fehleranalyse nicht hat
durchführen lassen. Oder, in anderen Worten: Aufwändige Messungen und dem Spezialisten vorbehaltene
Visualisierungen sind nicht erforderlich, um ein alltäg-
liches Problem in den Griff zu bekommen.

Ein kleiner Irrtum mit großer Wirkung

Es ist eine Frage der Herangehensweise.

Störgeräusche durch Absorption leiser zu machen, ist
erst einmal kein schlechter Gedanke.

Dieselbe Absorption aber schwächt auch das Nutz-
signal.

Der im praktischen Sinne verhängnisvolle Irrtum liegt
darin, dass man mit ein und derselben Schere, mit einem
einzigen Schnitt, das Gras gepflegt gedeihen sehen, das
so genannte Unkraut aber bis zur Wurzel abgeschnitten
finden möchte.

Dass das möglich ist, lässt sich mathematisch belegen
– und verliert so den Ruch des Widerspruchs.

Wie mag so etwas in der Praxis aussehen?

Ich beschreibe einen Besprechungs- und Seminarraum,
der im Hinblick auf alle wichtigen Aspekte optimal saniert
worden ist.

In der Mitte der Decke ist mit einer Abhängung von
runden 30 cm die Akustik befriedet und die Raumlüftung
versteckt worden. Eine starke, weiche, indirekte Beleuchtung hat man unscheinbar in diese Abhängung integriert.

Da die Fenster bis unter die Decke reichen, hätte
man infolge dieser Nachrüstung ggf. die Flügel nicht
mehr weit öffnen können. Also hatte man sich dafür
entschieden, in einer ästhetisch sehr ansprechenden
Weise gleichmäßig rundherum einen Meter frei zu lassen.

Etwa in der Mitte des Raumes sind Doppelarbeitstische

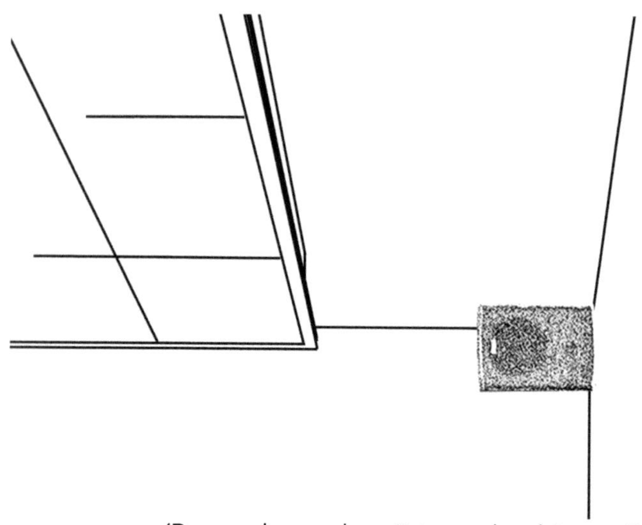

(Raumecke: nachgerüstete, abgehängte Teildecke)

zu einer großen Gruppierung (meistens: 7) angeordnet, so dass in der Regel 15 Personen im gestreckten ‚U' um die Tischgruppe von 1,6 m x 5,6 m herum gut Platz finden; vor Kopf sitzen ein bis zwei Personen zusätzlich, die Diskussions- oder Beratungsrunde leitend.

Die größte Distanz zwischen Sprecher und Hörer beträgt somit ca. 5,5 m bis 6 m.

Eine solche sehr häufig gewählte, sehr verbreitete Nachrüstung von Innenräumen, um alles in einer einzigen Maßnahme – und ästhetisch fraglos ansprechend gelöst – abdecken zu können, liefert ein Win-Win-Win:

Der Raum ist akustisch ruhig.

Der Raum wird unscheinbar und äußerst effektiv belüftet oder gar klimatisiert.

Der Raum hat eine ausgesprochen angenehme Lichtausstattung erhalten.

Im vollkommenen Widerspruch zu der angenehmen akustischen Atmosphäre ist die Sprachverständlichkeit insgesamt miserabel. Video-Vorführungen toppen das noch – trotz der gern als luxuriös teuer hervorgehobenen Lautsprecher.

Akustische Messungen „vorher/nachher" belegen, dass in Planung und Ausführung wirklich alles richtig gemacht worden ist. Vonseiten des beauftragten Akustikbüros rauft man sich allein die Haare über die von der Haustechnik anschließend selbst nachgerüsteten Lautsprecher, die in die Raumecken gedrängt wurden: Man hätte auch *das* gut in die Gesamtinstallation integrieren können. In Ansehung der hochwertigen Lautsprecher zeigt man sich dennoch ratlos, dass Mitarbeitende des Auftraggebers ***so sehr*** über die Qualität von Video-Vorführungen klagen.

Die Sprachverständlichkeit betreffend – nun für Arbeitsgespräche – haben die eher hilflosen Hinweise vonseiten des Akustikbüros, die Raumakustik könne aber für die Unkonzentriertheit der Beteiligten schlussendlich nicht verantwortlich gemacht werden, für Verstummen gesorgt. Und haben – mangels Sachkenntnis und folglich mangels Gegenvorschlägen – die Belegschaft gelinde ausgedrückt: aufgewühlt. Solche „Ratschläge" vonseiten des Akustikbüros haben einige der Beschäftigten – die „gut gemeinten" Ratschläge irgendwo zwischen hoher Fachkenntnis und blankem Unverständnis angesiedelt – gar im zähen Schaum des eigenen Zorns erstickt.

Was ist falsch gelaufen?

Die sanfte Kraft der Worte

Um die Wogen zu glätten, hilft auch mal ein vorauseilendes Zugeständnis.

Vonseiten des Akustikbüros bekennt man sich schuldig: Man hätte die Belegschaft von Anfang an mehr einbeziehen und hätte besser vermitteln müssen, was am Ende zu erwarten sei.

Aber dann sogleich der selbstbefreiende „Wink mit dem Zaunpfahl" – der der Geschäftsführung gilt: Nachdem man sich aus pekuniären Gründen von vornherein gegenüber elektroakustischen Lösungsvorschlägen verschlossen zeigte…

Die Grimm und Düsternis in zwei Gesichtern fordert ein spontanes und klares Zurückrudern, noch ehe die Erläuterung bis zum Ende ausgeführt ist:

Bei Raummaßen von 4,2 mal 9,2 Metern hätte man dann andererseits aber auch mit den viel bemühten „Kanonen auf Spatzen" geschossen: Das *kann* man machen, *muss* man aber nicht. Nur im Nebensatz immerhin schon einmal erwähnt: DIN 18041.

Nachdem die ersten Wogen geglättet sind, gehen fünf Personen konkret ins Problem hinein – nämlich im Wortsinn: Man setzt sich in dem betreffenden Raum zusammen, um Lösungsansätze zu diskutieren.

Nun geht es um gekränkte Seelen.

Auf der einen Seite die Anerkennung, dass einem für die Belegschaft nichts zu teuer sei – auf der andere Seite die Anerkennung der Kompetenz.

Auf beiden Seiten geht es um Respekt und Achtung:

Keiner der Beteiligten kann hier, darf hier, möchte hier
den Raum kleiner verlassen als einer der anderen.

Zwei Köpfe der auftraggebenden Seite kämpfen um
das Ansehen gegenüber der eigenen Belegschaft, dass
man weder Mühen noch Kosten gescheut habe, sich der
Belange und Anliegen der Beschäftigten anzunehmen
– **und** kämpfen gegen den subtilen Vorwurf des Auftrag-
nehmers, man habe eben doch nicht genügend Geld in
die Hand genommen.
Drei Köpfe der auftragnehmenden Seite kämpfen um
die Vermeidung weiterer Kosten: So oft, wie man schon
antanzen musste, um nichts als Vorwürfe abzuwehren, hat
sich „der ganze Auftrag ohnehin nicht gelohnt". – Und,
klar: Es geht darum, die Fachkompetenz zu verteidigen.

Für den Auftragnehmer unumstößlich: Hier wird mit
Fug und Recht hochgehalten, dass alles mit rechten Dingen zugegangen, dass **mehr** nicht herauszuholen war.
Den Punktsieg in der Tasche und die Gewissheit im
Rücken, hat es geholfen, sich der Norm mit allen technischen Ausrüstungen vollumfänglich gestellt zu haben:
Nachweislich ist vonseiten des Akustikbüros alles richtig
gemacht worden.
Die Nachhallzeit liegt im mittleren Frequenzbereich
voll im Soll; für höhere Frequenzen hat man sogar mehr
als das erreicht. Und ebenso Schalldruckpegelmessungen
bestätigen: Sachverstand, Planungssicherheit und eine
kundige Begleitung der handwerklichen Ausführung –
Haken dran.

Am Ende ist für die Geschäftsführung der auftraggebenden Seite glasklar: Die Erwartungen der Belegschaft sind absurd, nicht sachgemäß und ungehörig. Das
muss man nur in schönere Worte kleiden… und dann
nach unten hin abschließend vermitteln.

– 52 –

Von den Aufgaben des Konjunktivs

Im vorangehend geschilderten Fall war die Aufgabe des Konjunktivs, im Dienste der jeweils anderen Seite nicht nur zu versichern, man habe keinen Fehler gemacht – denn das ist unter den ehrbaren Leistungen die Geringere – sondern, man habe aus den Möglichkeiten das wahrhaftig Bestmögliche herausgeholt.

Kurzform: ‚Besser *hätte* man es nicht machen können.'

Eine andere Aufgabe des Konjunktivs ist folglich, nicht aus Fehlern zu lernen, sondern aus dem Gegebenen zu lernen.

Entsprechend bin ich so frei, den Konjunktiv zu bemühen, sich in freundlicherer Manier in den Dienst der konstruktiven Kritik zu stellen:

Wie *hätte* es denn besser ausgehen können?

Allem voran: Die Raumkanten hätte man entstören sollen – statt gerade diese schallhart und gänzlich frei zu belassen. So nun aber baut sich die schädliche Kraft des Schalldrucks in den Raumkanten ungemindert auf.

Man hätte die Decke in der Raummitte schallhart belassen sollen.

Man hätte die Klimatisierung oder Belüftung nur entlang der Innenwand, nur einseitig also, in eine vergleichbare Kofferung – aber mit nur 1,0 m bis max. 1,5 m von der Wand in den Raum hinein – ebenfalls technisch lösen können.

Eine solche einseitige Kofferung hätte – mit akustisch wirksamen Platten verkleidet und mit Mineralwollvlies

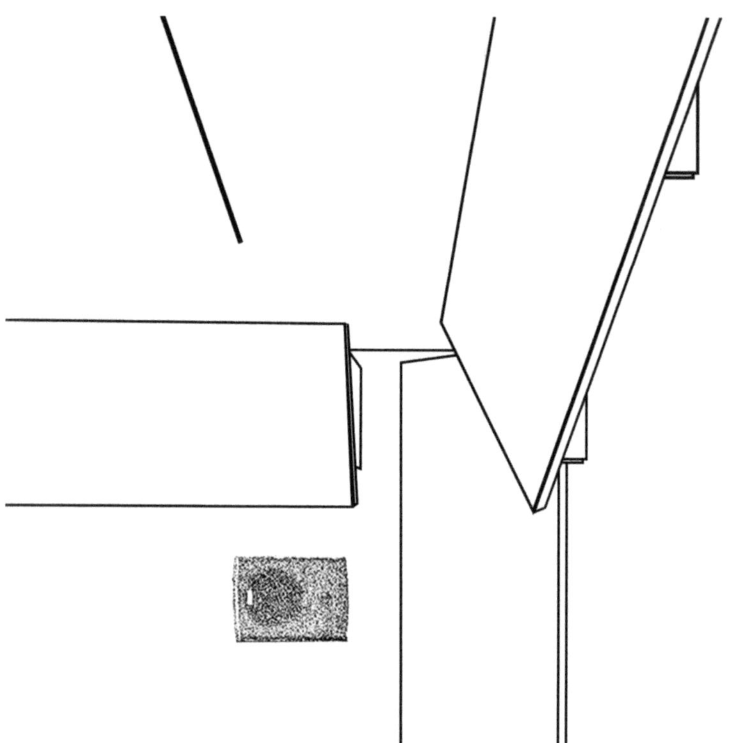

innen stark absorbierend ausgelegt – zumindest an der
Längswand die Raumkante komplett entschärfen können.

Alternativ hätte man auf eine akustische Auslegung
dieser Kofferung verzichten können: Man hätte sich aus-
schließlich auf die darin untergebrachte Haustechnik kon-
zentrieren können (vornehmlich Lüftung oder Klimatisierung). So hätte diese Abkofferung auch flacher ausgelegt
werden können.

So oder so hätte man das **ReFlx**-System einbeziehen
sollen. In dem einen Fall hätte man mit den Reflektoren
die sprachlichen Signale unterstützen können – in dem
anderen Falle, unterhalb der Kofferung angebracht,

hätte man die Raumkante ihres schädlichen Störeinflusses beraubt – und zugleich die Deutlichkeit der Sprachkommunikation unterstützt.

Etwaig hätte man für Klimatisierung bzw. Belüftung eine andere Lösung finden und auf jegliche Eingriffe an der Decke verzichten können.

Und damit möchte ich zur möglichen Ausstattung desselben Raumes allein mit dem **ReFlx**-System kommen (*siehe hierzu Skizzen nebenstehend und nächste Seite*):

Das Material betreffend böten sich Holzwerkstoffe an, z. B. Fichte-Dreischicht für die Fronten, hier vorzugsweise deckend weiß lasiert, um dezenter vorzugehen; gern auch Buche-Leimbinder, wiederum deckend weiß lasiert, um mit maserungsärmerer und ebenfalls weißer Oberfläche eine noch edlere Optik anzubieten.

Die Rückseite des Frontreflektors würde hier mit Holzfaser-Dämmplatte ausgestattet, ebenso auch das Trägersystem, weil der innenliegende Schild durch Absorbermaterial kostengünstiger ersetzt werden kann. Der innenliegende Schild wäre ohnehin nicht sichtbar: Der nicht transparente Reflektorschild verdeckt die übrigen Komponenten des Systems. – Eine solche Kombination des Außenreflektors mit im nicht sichtbaren Bereich verarbeiteten Absorbern stellt auch die Hauptvariante des **ReFlx**-Systems in Holzwerkstoffen dar.

Der Raum könnte an drei Seiten und in fünf Kantenverläufen mit dem ReFlx-System ausgestattet werden: An der Fensterseite bietet sich die günstige Gelegenheit – die man auch nutzen sollte – die Senkrechte (Wand auf Wand) ebenfalls einzubeziehen, weil dort die Fenster nicht bis ganz zum Raumende geführt sind.

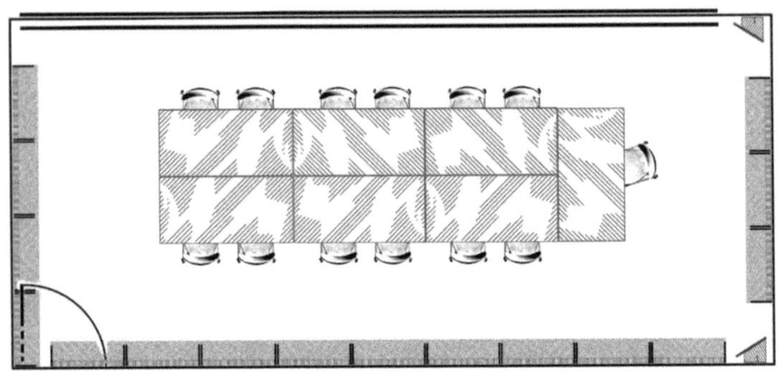

*(Raumskizze mit **ReFlx**-System)*

So können an der Stirnseite des Raumes zu beiden Seiten und von der Decke bis zum Boden hinunter **ReFlx**-Elemente senkrecht verlaufend angebracht werden.

Beleuchtung kann in Form von LED-Leuchtbändern verdeckt – und damit ebenfalls als indirekte Raumbeleuchtung – in das **ReFlx**-System integriert werden.

Die Sprachverständlichkeit betreffend, ist aber für den Beispielraum (ab Seite 45) keineswegs alles verloren, nur weil ein Rückbau definitiv obsolet ist: Rückbau kommt schon deshalb nicht in Frage, weil die Technik für Belüftung und Klima nun voll integriert ist.

Trotz allem: Das Kind lässt sich sehr wohl wieder aus dem Brunnen holen.

Eine partielle Nachrüstung mit dem **ReFlx**-System – in der Größe angepasst und etwaig ein wenig weiter nach unten positioniert – ist gut möglich. Das wird dann keine – rein technisch betrachtet – optimale Lösung bis in die tiefen Bässe hinein. Aber es wird eine Lösung, die die Alltagsproblematik sauber abdeckt.

Auf Seiten des Auftraggebers ist absehbar die Zurückhaltung größer als die Begeisterung, weil es – mit der Kenntnis um das ursprüngliche Konzept und den ursprünglichen Entwurf – immer irgendwie geflickt wirkt: Selbstverständlich ist diese Lösung nicht mehr „aus einem Guß".

Aber eine – sogar hervorragende – Sprachverständlichkeit kann komplett hergestellt werden.

Für eine bessere Tonwiedergabe für Videovorträge muss man dann selbstredend auch die Positionierung der Lautsprecher noch einmal ein wenig angehen (*siehe Skizze Seite 54*).

Praktisch vollkommen unbedenklich ist dabei die Montage der Lautsprecher direkt auf der Wand. Relevant ist vielmehr, dass die potenziell negative Energie des Lautsprechers – übrigens nicht nur die Bässe betreffend, sondern über das gesamte Frequenzspektrum hinweg – durch das **ReFlx**-System verschlungen wird.

Genug.

Hätte… hätte… Fahrradkette.

Genügend der Konjunktive für ein am Ende doch ganz unfertiges Projekt – trotz des beachtlichen Engagements für die Akustik: Für einen guten Abschluss muss hier die Bereitschaft zur Nachbesserung erst einmal geschaffen werden.

Der wirtschaftliche Vorteil

Bisher bereits mehrfach angedeutet, hatte ich es aber noch nicht so klar ausgedrückt:

Das **ReFlx**-System ist schlicht kostengünstig.

Das **ReFlx**-System ist nicht die berühmte eierlegende Wollmilchsau. Selbstverständlich kann das **ReFlx**-System nicht *alles* leisten.

Wenn etwa neben reinem und klarem Raumklang bzw. neben einer sehr guten Sprachverständlichkeit auch noch eine große allgemeine Ruhe gewünscht ist (oder: das Budget noch hergibt), dann bedarf es zusätzlich der mit Bedacht eingesetzten Absorption.

Dabei kann man aber auch wieder auf seiner Guthabenseite verbuchen: Wenn man – in technisch schlüssiger Weise – mit den Raumkanten beginnt und einen Raum mit dem **ReFlx**-System initiativ ausstattet, dann kann man mit deutlich geringerem Kostenaufwand auf günstigere und an sich weniger effektive Absorber zurückgreifen, um fein abgestimmt zu ergänzen.

Das liegt erst einmal daran, dass das gröbste Übel wie ein Monster in den Raumkanten schlummert. Und das liegt daran, dass sich dieses Monster schon von geringen Anregungen wecken lässt.

Darüber hinaus liegt das aber auch daran, dass das **ReFlx**-System ganz spezifisch die mittleren und höheren Frequenzen sozusagen „übervorteilt". Das führt dazu, dass selbst bei verbliebenen akustischen Störungen Musik und Sprache bereits sehr klar transferiert werden.

Ganz am Ende kommt nun noch auf die Guthabenseite des Kostenträgers, dass das **ReFlx**-System grundsätzlich einfach zu montieren ist.

Die **ReFlx**-Elemente in Holzwerkstoffen werden auf eine Stahlwinkelprofilleiste montiert, die einen Standard-Artikel im gängigen Warenangebot darstellt.

Solche Winkelprofilleisten bieten einen Lastenausgleich für mehrere Elemente. Mit anderen Worten: Trägt hier in einem alten und maroden Mauerwerk ein Bohrloch nicht, dann setzt man drei oder vier Löcher weiter, 7,5 oder 10 Zentimeter weiter erneut an. Oder erweist sich eine Gipskartonwand als nicht so tragfähig wie erwartet, weil nun alte Bausünden zutage treten, dann setzt man ganz problemlos mehr Fixierungen auf der Strecke ein.

Der nächste Vorteil ist die reine Wandmontage: Es gibt keine etwaig problematische Abhängung großer Lasten von der Decke herunter. Zusätzlich gibt es so aber auch immer nur eine vertikal wirkende Last zu bewältigen.

Für Glas und Feinsteinzeuge ist es wegen der enormen Gewichte dann nicht ganz so einfach. Aber auch hier bleibt der Vorteil, dass eine Wandmontage stets leichter zu bewältigen ist, als die hängende Montage, insbesondere bei hohen Lasten.

Teil II

In der Vorwärtsbewegung
zurück an den Anfang

Als ich mit dem Thema der Raumakustik startete, und ebenso als ich mich noch einmal ganz neu und allein auf den Weg machte, um Räumen noch mehr Klangreinheit und der Sprache eine noch bessere Verständlichkeit zu geben, da war ich vollends angewiesen auf die vorhandene Literatur.

Diese gesamte Literatur spiegelt eine recht umfängliche Ignoranz gegenüber der Raumkante wider. Beinahe der Einzige, der noch engagiert über die Raumkante spricht, ist in der Literatur Helmut V. Fuchs, gemein eher als Professor Fuchs in vieler Munde.
Es war eine erleichternde Bestätigung vonseiten eines universitär lehrenden Akustikers, als der mir gegenüber beklagte, zur Raumkante gebe es nur entweder Fuchs – oder Leute, die allein Fuchs zitieren. So musste ich mich nicht wundern, dass ich mehr auch nicht fand.

*Insgesamt aber war überdies die Dominanz der Absorption als **das** Heilmittel gegen jegliche akustischen Probleme schlicht erdrückend.*
Selbstverständlich beeinflusste das auch mich – und stark.
Allein, ich war nicht zufrieden mit den Widersprüchen, die sich zeigten zwischen der in der Literatur versprochenen Wirksamkeit und den Klagen über verschiedene akustische Probleme in Leben und Alltag...

Der erste Schritt: die Q-Box

Für meine Q-Box hatte ich mit recht großer Bauteiltiefe und ganz viel Absorbermaterial gearbeitet.

Das hat auch weiterhin seine gute Berechtigung in jenem Kontext der ersten Anwendung:

Durch die offenen, tragenden Balken war ein Abstand der Elemente zur Deckenverkleidung von 23,5 cm vorgegeben. Der recht große Abstand zur Decke kann die Kompensation durch eine vergleichsweise große Tiefe der Elemente und ein hohes Maß an eingebautem Dämmstoff gut vertragen.

Aber was diese Q-Box zugleich bewiesen hat, war der viel zu hohe Aufwand an Material und in der Herstellung. Vor allem aufgrund der deutlich zu vielen und zu komplexen Arbeitsschritte in der Fertigung konnte die Q-Box nicht wettbewerbsfähig werden – und bleibt somit absehbar ein Nischenprodukt.

Kurzform und Frage: War so viel Aufwand nötig, um des Problems Herr zu werden?

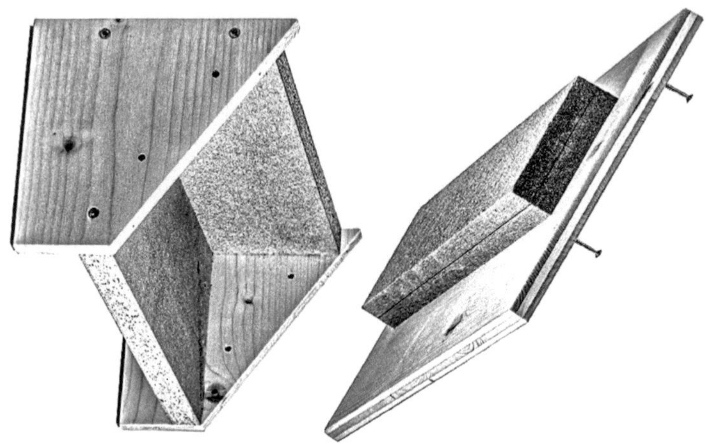

Das C-Case in zwei Komponenten –

und vor Ort in Raum 116 der Städt. Realschule Waltrop.

C-Case: Bewährung in 207 m³

Als ich mit meinen C-Cases bereits einen deutlichen Schritt weg gemacht hatte vom besonders hohen Maß der Absorption, da fiel mir dieser bisherige mangelhafte Ansatz auf.

Ich meine jene Herangehensweise an die Raumakustik, die die **Absorption** zum Schlüsselthema erhebt.

Vielleicht nicht im Widerspruch dazu, aber im Gegensatz dazu, kam mir plötzlich in den Sinn:

Möglicherweise viel mehr die Stolperfalle könnte es sein, die dem Schall zu schaffen macht.

Schon für das C-Case machte ich mir die neue Betrachtung teilweise zunutze, da ich für den Schulträger auf diese Weise auch den Kostenaufwand minimieren konnte. Und auf der Grundlage meiner Versuchsreihen bot ich damit keinen Hoffnungslauf und kein bloßes Versprechen an, sondern hatte diesen Ansatz bereits praktisch bestätigt gefunden.

Aber zunächst möchte ich gleichsam anekdotisch beim C-Case verweilen.

Im Verlaufe der Montage in Raum 116 der Städtischen Realschule Waltrop, bereits, als Schritt um Schritt an der Längsseite und an der Rückwand die C-Cases und C-Case-Brückenstücke montiert waren, als nun der Monteur an der Tafelfront des Klassenraumes weiter seinen Bohrhammer wüten ließ, da merkte er mit positivem Erstaunen an, es klänge nun vielleicht verrückt, aber: „Ich finde, dass auch der Bohrlärm schon deutlich abgeschwächt ist."

Genau das geht auf die hoch wirksame Störung des Raumkanteneffektes zurück.

Dieser furchtbare Lärm, der entsteht, wenn der Bohrhammer sich gar nicht einmal wütend, sondern mit seiner gelassenen Stärke prasselnd ins Mauerwerk schlägt, war nun allein dadurch, dass zwei der Raumkanten inzwischen „ausgeschaltet" waren, beim Montieren in der dritten Raumkante bereits so bemerkenswert abgeschwächt, und dem Monteur fiel das nun während des Arbeitens bereits so unzweifelhaft auf, dass er es aussprechen wollte.

Die Essenz ist ein – nun ganz und gar im Wortsinne – „stilles" Credo für die Beruhigung der Raumkanten.

Nicht nur im Sinne der Q-Box oder der C-Cases, sondern auch im Sinne aller erdenklichen Produkte von Wettbewerbern spricht das ganz allgemein **für** Kantenabsorber.

Meine Versuchsreihen mit rein schallharten Reflektoren hatten inzwischen gezeigt, dass Resonanz und Absorption eine Spielart sind – aber nicht notwendig, um den Raumkanteneffekt zu bewältigen.

Nachdem erste Versuche mit Bauallzweckplatten (spez. Gewicht: ca. 1.400 kg/m^3) gezeigt hatten, dass es **rein schallhart** geht, ging es mir darum, zu klären, ob der zweite, innenliegende Schild durch Dämmmaterial ersetzt werden konnte – ohne auf klassische Aufbauten von Absorbern zu setzen.

Als außerordentlich „schallhart" führte ich auch Versuche mit Stahlblech durch. Damit jedoch ein 1 mm dünnes Stahlblech (ca. 7.900 kg/m^3) als dem Raum zugewandte Reflektorfläche sich nicht wie eine Membran

Versuche mit
Bauallzweckplatten und
mit dünnem Stahlblech und rückwärtiger Dämmung

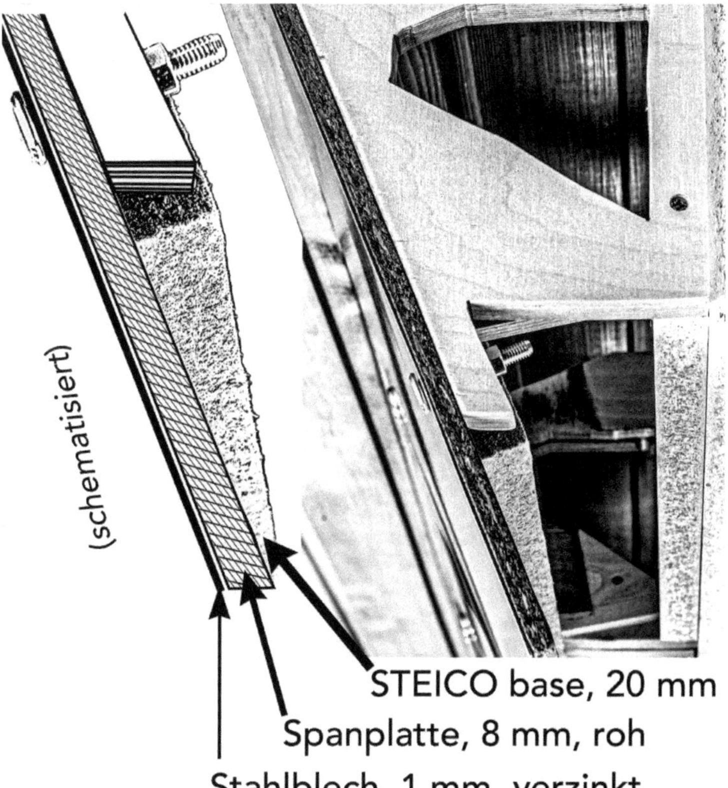

(schematisiert)
STEICO base, 20 mm
Spanplatte, 8 mm, roh
Stahlblech, 1 mm, verzinkt

ReFlx mit Stahlblech-Fronten

verhalten würde, zog ich das Blech mit Bauallzweckkleber auf Spanplatte, roh (ca. 750 kg/m^3), von nur 8 mm auf. Auf die Rückseite der Spanplatte wiederum klebte ich eine 20-mm-Platte STEICO base auf. Einen zusätzlichen, innenliegenden Schild setzte ich nun nicht mehr ein.

Es funktionierte vergleichbar gut, klang allerdings – nicht unerwartet – deutlich anders als der Versuch mit Bauallzweckplatten. Nun war der kleine Flur ebenfalls kaum noch durch den negativen Effekt der Raumkanten beeinflusst – klang aber extrem „spitz" und „hart".

Die C-Cases selbst hatte ich bereits prototypisch gebaut und in meinem Flurstück getestet. Aufgrund der ersten Versuche mit schallharten Varianten konnte ich nun ganz unbedenklich empfehlen, durch die Brückenstücke für den Klassenraum spürbar Kosten einzusparen.

In Raum 116 der Städt. Realschule Waltrop hängen 27 C-Cases und 17 Brückenstücke. Ein solches Brückenstück benötigt zu beiden Seiten jeweils ein komplettes C-Case.

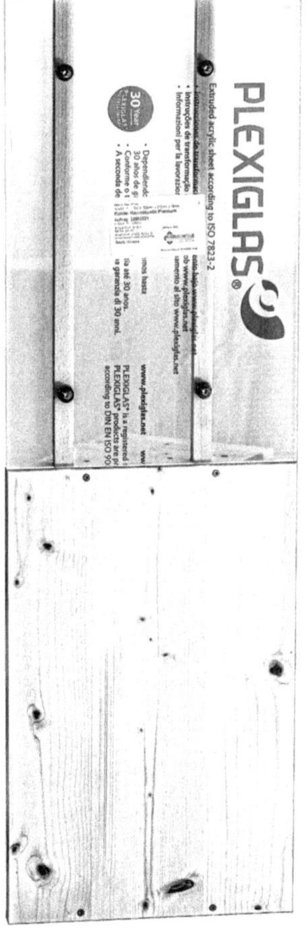

Daran angeschraubt sind nur die Seiten, auf die dann wieder die Front (mit 40 mm STEICO base) aufgeschraubt werden kann.

Die 40 mm starke Faser-Dämmplatte auf der Rückseite der Front in 19 mm Fichte-Dreischicht nimmt nicht nur der Frontplatte die Resonanzfähigkeit, sondern ersetzt durch die starke Absorption auch den andernfalls zusätzlich notwendigen zweiten, innenliegenden Schild.

Ich habe in Raum 116 so ziemlich alles an Raumkante ausgestattet, was noch nicht ander-

weitig belegt war – und oberhalb von Türhöhe liegt.
Bezüglich der Türhöhe geht es mir allein darum, mögliche
Verletzungsgefahren auszuschließen: So stößt sich auch
verlässlich niemand versehentlich den Kopf an den
senkrecht montierten Elementen.

Kleiner Bonus gratis – und nette Spielerei: Die Plexi-
Scheibe vor der WLAN-Sendeeinrichtung.
So können die Funktionsanzeigen der Sendeeinrich-
tung weiterhin beobachtet werden – und man kann
hinter die Scheibe greifen, um mit vertretbaren Beeinträchtigungen an das Gerät herangelangen zu können.

Dass die Wahl von „Plexiglas®" gerechtfertigt sei,
muss ich einfach mal glauben: Plexi soll – im Gegensatz
zu „gewöhnlichem" Acryl – auch in 30 Jahren noch nicht
vergilben.

So bleibt nicht nur das Glas in seiner Langlebigkeit,
sondern auch das Gewissen in Weitsicht „gefühlt" rein…

Natürlich war ich schlussendlich sehr gespannt, wel-
ches Resultat die Installation von 22,5 Metern der
C-Cases und C-Case-Brückenstücke bewirken würde.

In meinen laborähnlichen Versuchen hatte sich klar und
deutlich gezeigt, dass der störende Effekt der Raumkanten mit den C-Cases bewältigt werden konnte. Auch
hatte sich deutlich gezeigt, dass der Resonanzeffekt
dieser komplett aus Holzwerkstoffen gefertigten Kon-
struktion einen sehr positiven Effekt auf den Klang hatte:
Der „Warmton" kommt der Sprache sehr zugute.

*Teilansicht der
Versuchsanordnung
mit Prototypen des
C-Cases*

Andererseits war mir bewusst, dass, je größer der Raum ist, desto geringer dieser resonierende Effekt zur Geltung kommen würde. Deshalb war ich auch ganz entspannt damit umgegangen, über die Brückenstücke letztlich weniger Resonanz anzubieten.

Blieb die spannende Frage, die ich auf etwas mehr als 2,7 Quadratmetern, in nur etwa 6,8 Kubikmetern selbstverständlich überhaupt nicht klären und in keiner Weise voraussehen konnte:

Nicht **ob** überhaupt – denn auch das stand grundsätzlich aufgrund der Vorversuche bereits außer Zweifel – sondern:

In welchem Ausmaß würde sich die Reflexion vor allem von sprachlichen Signalen an den ganz bewusst in einem Winkel von 35 Grad schräg gestellten Frontflächen in einem Klassenraum des etwa 30-fachen Volumens auf die Klarheit von Sprache auswirken?

Mehr als erwartet

Unmittelbar nach der Montage hatte ich wiederum meine Video- und Tonaufnahmen gemacht. Der Zusammenschnitt „vorher/nachher" zeigt im Video – und lässt trotz der bescheidenen Tonaufnahmen recht gut hören – was sich verändert hat in Raum 116 der Städt. Realschule Waltrop.

Die Tonaufnahmen bestätigen, was sich sogleich – und ja schon allmählich zunehmend mit der fortschreitenden Montage der C-Cases – für alle Anwesenden im Rahmen der Montage herauskristallisierte.

Es ist selbstverständlich keine freundliche Geste, sich von einzelnen Gesprächsteilnehmern abzuwenden. Andererseits ist das eine ganz normale und unvermeidbare Situation im Arbeitsalltag, in Konferenzen und Besprechungen, oder besonders im schulischen Alltag. Einschließlich Situationen, in denen man sich explizit einer bestimmten Person zuwendet, folglich anderen mithin den Rücken zukehrt, obgleich wiederum möglichst alle Anwesenden den gesamten Gesprächsaustausch – als Teil der Unterrichtung und Lernerfahrung für alle – vollumfänglich mitbekommen sollen.

Nun einmal abgesehen davon, dass das Schlagbohren in Steinwänden eine extreme und außerordentliche Lärmlast ist – und also einmal von der Äußerung des Monteurs zur Lärmentlastung im Verlauf der Montage ganz abgesehen:

Zu dritt konnten wir uns gegenseitig den Erfolg der Maßnahme bereits unmittelbar beweisen…

… und von mir aus mit einer gewissen spielerischen Freude entdecken, dass wir uns deutlich leiser austauschen konnten, als es in einem Klassenraum unterbewusst angemessen erscheint – und uns dennoch einwandfrei gegenseitig verstehen.

Bei der Vorführung gegenüber der auftraggebenden Seite gab es noch einmal eine kleine – und angenehme – Überraschung.

Der städtische Mitarbeiter, knapp über 60 – jedoch nach dessen eigener Einschätzung bereits stärker im Hörsinn beeinträchtigt, als es durchschnittlich seinem Alter geschuldet sei – trug zu dieser Zeit noch keine Hörgeräte.

Nachdem wir bereits einige Sätze miteinander gewechselt hatten, nachdem wir das in einem durchaus üblichen Abstand zueinander, in etwa anderthalb bis zwei Metern, getan hatten, bat ich ihn, doch vorn an der Tafel stehen zu bleiben, während ich mich nun von ihm entfernen würde, ich weiter mit ihm sprechen würde…

… in ganz bewusst gleichbleibender Lautstärke, so als stünden wir noch immer nahe beieinander.

Wenn es keine besonderen Gründe gibt, so außerordentlich leise auch über die Distanz von mehreren Metern zu sprechen, so darf man es als ungehörig betrachten, der Hörerseite somit zugleich auch zuzumuten, die Ohren ganz besonders zu spitzen.

So entfernte ich mich von ihm, wandte mich schließlich – im Rückwärtsgehen und auf den Absätzen drehend – von ihm ab und ging weiter von ihm fort. Ich wählte am Ende über die Raumdiagonale, ihm nun den Rücken zugewandt, den größtmöglichen Abstand und sprach noch immer und ganz bewusst so leise, als stünde ich nahe vor ihm.

Als ich endlich nach allem Reden, Vortragen und Erläutern – ihm stets den Rücken zugewandt oder abwechselnd auch seitlich zu ihm sprechend – mich wieder zu ihm herumdrehte, ihn wieder direkt ansprach, als er mir dann sagte: „Herr Ochsenfeld, *jetzt* haben Sie mich überzeugt", da wusste ich, dass ich ihm das auch abnehmen konnte, ich das nicht bloß als Freundlichkeit relativieren musste. „Ich habe jedes Ihrer Worte gut verstehen können."

Diese Betonung auf „jetzt" hatte ja seine Vorgeschichte: Er kannte mich ja bereits aus solchen Zeiten, da ich noch mit der reinen Absorption in den Raumkanten vorging, auch durchaus hatte beeindrucken können, was eine zumindest verbesserte Sprachverständlichkeit betraf…

… aber ihn eben nicht wirklich hatte *überzeugen* können. Das hatte nicht allein, aber gerade bei ihm auch viel mit der mangelhaften Sprachverständlichkeit zu tun.

Die reine Kantenabsorption klärt eben zwar den Raum von jenen Störungen, die die Raumkante auslöst, aber am Ende beschränkt sie sich dann auf die bescheidene Sprachverstärkung, die die unbehandelte, schallharte Decke von sich aus bieten kann. Und die hatte nicht wirklich gereicht, um dem im Hörsinn überdurchschnittlich Beeinträchtigten eine wirkliche Hilfe zu bieten.

Die Spalte willkommen heißen

Wo sich Spalten bilden, ist häufig der unerwünschte Verfall am Werk. Der augenfälligste Spalt bedeutet gar eine Gefahr – selbst wenn er sich nicht durch eine leichte Schneedecke dem Auge entzieht: die Gletscherspalte.

In der Akustik lassen sich Spalten so einsetzen, dass sie dem Schall zur tückischen Falle werden, dem Menschen aber äußerst dienlich sind.

Was mir eines Abends endlich auffiel, bietet nicht nur einen grundsätzlichen Lösungsweg für die Raumakustik, sondern deutet auch an, dass Schall grundlegend zumindest mangelhaft verstanden wird.

Wiederum missverstanden werde ich offenbar leicht und weitreichend, wenn ich in meiner ersten Publikation zum Schall mit kritischen Betrachtungen und vermeintlichen Behauptungen daherkomme, die einfach zum Schall nicht passen…

Ich kann physikalisch (noch) nicht erklären, weshalb gerade die Spalte der Ansatz zur willkommenen Störung des Schalls ist. In meiner ersten Publikation, in „Durch die Raumakustik muss ein Ruck gehen", habe ich viel spekuliert und erwogen, vieles noch nicht einmal als mögliche Wege aufgezeigt, sondern – bisweilen recht provokant – vor allem den Blick auf bisweilen kaum annähernd Vergleichbares gerichtet, um das Denken aus gängigen Mustern herauszureißen. Es geht um die Kritik an vorhandenen Denkmodellen und Betrachtungen.

Eines bestätigt sich mir immer wieder und wird mir auch immer klarer: Der Schall an sich ist bisher nicht

wirklich verstanden worden. Und irgendwie erscheint es
bisweilen so, als begnüge sich die Wissenschaft damit,
dass der Schall mathematisch beschreibbar sei – und
deshalb ein Zuviel der Neugier gar eher stört.

Ein jeder hat schon davon gehört: Wer heute in die
Sterne blickt, der ist sich auch eines steten Grundrau-
schens bewusst. Man nennt es das Hintergrundrauschen –
das auf den Urknall zurückgehen soll. Ich erwähne dieses
Hintergrundrauschen nicht, weil es klingt wie Schall – und
deshalb passen könnte. Es **ist** kein Klang. Es ist Strahlung.
Aber in der Bildgebung nennt man seit eh und je eine
diffuse und die Gesamtschärfe überlagernde Störung
einfach „Rauschen".

Ich erwähne es, weil bestimmte Worte des zäh und
ausdauernd um die Geltung der Raumkante kämpfenden
Professor Fuchs mir ganz besonders in Erinnerung geblieben waren – und stets auf mich eingewirkt haben,
gleichsam wie ein Hintergrundrauschen:

„Die Spalten sind wichtig", so hatte er gesagt. Gemeint hatte er den Spalt zwischen Wand und Absorber
bzw. den zwischen Decke und Absorber.

Eines Abends, im Spätsommer 2020, hatte ich verstanden:

Der **Spalt** ist wichtig – und eben **nicht** der *Absorber*!

*Ich gehe an dieser Stelle, und vorgreifend, schon ein-
mal einen Schritt weiter, wenn ich feststelle – und bewusst herausfordernd deutlich verkürze:*

Der Absorber an sich ist eine geistige Altlast.

Wenn *das* nun also der Dreh- und Angelpunkt sein würde, um der Raumkante den Schrecken zu nehmen, dann wären die Konsequenzen für die Raumakustik schon gewaltig.

Mit einem Mal stand in Aussicht, dass ich damit auch die Antwort auf eine andere Frage gefunden hätte, die sich mir gestellt hatte, seit die stellvertretende Schulleiterin einer Mittelschule in Hannover mir die multifunktional, also auch für Versammlungen genutzte Mensahalle vorgeführt hatte, die insbesondere im Sinne der Sprachverständlichkeit nur Probleme machte.

Die Dame sagte mir, sie habe keine Probleme, sich mit Stimmkraft durchzusetzen. Ich mochte ihr gern abnehmen, dass sie die nötige Stimm- und Sprechkraft aufzubringen vermochte. Allein… waren damit auch jene gefragt worden, die in einer Versammlung eher hinten oder ganz hinten sitzen – und *doch* einfach Probleme bekommen, noch etwas *verstehen* zu können, weil schlicht der Raum an sich stört?

Die Rede ist von einer Halle aus Glas und Stahl, die man dort auf dem Schulhof errichtet hatte, um sich der Pflicht zur Verpflegung der Schülerinnen und Schüler angemessen stellen zu können.

Das war eben auch so eine „Hintergrundstrahlung" in meinem Kopf: Gab es einen Weg, den Raumkanteneffekt zu bewältigen, ohne der Architektur die transparenten Entwürfe in Glas und Stahl vermiesen zu müssen?

Trotz aller Euphorie um die neue Entdeckung: Die mir eigene Skepsis bremste von der Freude zumindest den Überschwang aus.

Sogleich am nächsten Tag begann ich mit diversen Experimenten. Nun mussten die Prototypen meiner C-Cases wieder runter von den Wänden, um Platz zu machen für nun viele andere experimentelle Varianten, die ich in den Raumkanten meiner ‚Eta-Kammer' würde anbringen müssen. Daheim, in einer kleinen Flurnische, also – wie ich zu sagen pflege – unter ‚laborähnlichen' Bedingungen.

Diese Flurnische ist kein geschlossener Raum, sondern mündet über eine Breite von einem Meter und einer Länge von 75 Zentimetern in den eigentlichen Wohn-/ Arbeitsraum. Aber mit einer Grundfläche von 163 mal 168 cm ist diese Flurnische bei gleichbleibender Raumhöhe (hier: ca. 248 cm) eine hinreichend in sich geschlossene Raumeinheit, um alle Ungunst des kubischen Raumes zu modellieren.

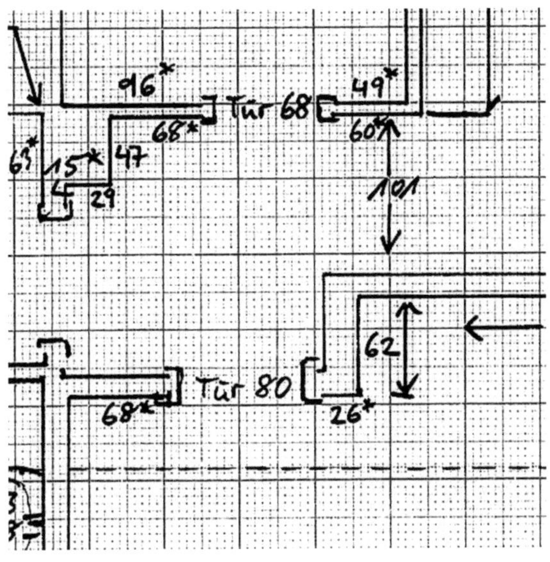

Zugleich wird sicherlich jedermann oder -frau schnell
einleuchten, weshalb ich meine Versuchsbedingungen
„laborähnlich" nenne: Diese Flurnische selbst kommt
gerade einmal auf 6,8 m³; der kurze Durchgang zum
Hauptraum, wenn auch nur einen dreiviertel Meter lang,
sorgt für eine bedingte räumliche Abgeschiedenheit.

Diese Raumeinheit bot mir eine Spielfläche für
erste empirische Überprüfungen… nicht einmal einer
Hypothese, denn so weit wollte ich ja noch gar nicht
gehen.

… erste Überprüfungen eines Gedankenspiels.

Der Gedanke war der, dass der Schall der Absorption,
also der Vernichtung der Energie im porösen Milieu,
gar nicht bedarf! Sondern dass es bereits genügen
könne, dem Schalldruck das sportliche Ereignis und sein
spielerisches Auftrumpfen in der Raumkante gründlich
zu verderben. Nämlich durch ein sorgsames Gemisch aus
Abschirmung und Wellenbrechern.

Versuche in der „Eta-Kammer"

Die Frage, ob das Prinzip auch in Glas umsetzbar sei, stellte sich deshalb nicht grundsätzlich, weil dem Schall die „Sichtbarkeit" eines Hindernisses völlig gleichgültig ist. Am Ende stößt der Schall sich an bloßer Masse.

Es stellte sich aber sehr wohl die Frage, wie sich Glas verhalten würde, im Vergleich zu anderen, weniger schweren, weniger dichten Reflektoren – also etwa im Vergleich zu Reflektoren aus schwerem oder leichterem Holz (zum Beispiel Eiche oder Fichte).

Für die Wirksamkeit von Glas konnte ich zwei Fliegen mit einer Klappe schlagen, indem ich aus dem Baumarkt günstige Standardware von Feinsteinzeugen beschaffte: Feinsteinzeuge haben ein tatsächlich nur marginal geringeres spezifisches Gewicht als Glas. Die glasierte Oberfläche überhaupt noch zu erwähnen, ist schon – vorsichtig ausgedrückt – spitzfindig.

Mit den Feinsteinzeugen habe ich kostengünstig verschiedene Konstellationen durchtesten können.

Kostengünstig war diese Vorgehensweise auch deshalb, weil ich in einfacher Weise aus Multiplex-Platten mit
der Stichsäge Halterungen aussägen konnte, die stabil
genug sind für die Platten von 25 x 100 cm und 16 x 100
cm. Vorteilhaft, das Gewicht betreffend: Die Platten sind
nur 9 mm dünn.

Die prägnante Holzmaserung darf nicht irritieren: Sie zeigt lediglich eine gängige Dekoroberfläche des Feinsteinzeugs.

Man ahnt schnell, worin der potenzielle Nachteil verborgen liegt: Das Material nimmt Eigenschwingung auf.

Diese Eigenschwingung zeigte sich jedoch als klar unterscheidbar von dem akutischen Effekt der Raumkanten:

– mit nur einem Frontreflektor (den kleineren, innenliegenden Schild also nicht mit eingelegt) war der Raumkanteneffekt nicht aufgehoben, sondern nur deutlich abgeschwächt;

– mit dem innenliegenden Schild den Raumkanteneffekt ausgeschaltet, trat deutlich hörbar nun die Eigenschwingung des Feinsteinzeugs hervor.

Ein Akustiker bestätigte mir – allein aufgrund einer Tonaufnahme – genau diesen Höreindruck: Ich spielte ihm die Video- und Tonaufzeichnungen vor, ohne ihn im Detail darauf vorzubereiten, was im Einzelnen (meines Erachtens) zu hören sei.

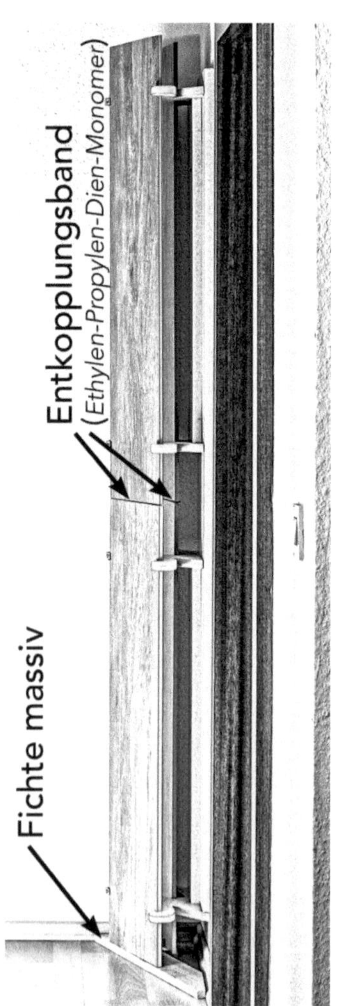

Derselbe Effekt der Eigenresonanz blieb wiederum an den senkrecht stehenden Feinsteinzeugen aus, und zwar allein aufgrund der Drucklast durch das Eigengewicht der Platten:

In der Mitte durch ein Entkopplungsband gehemmt, unten auf eine 18 mm dünne Fichtenleiste gestellt, klingen die dünnen Feinsteinzeuge völlig stumpf und schwingen nicht nach.

In vergleichbarer Weise führte ich auch weitere Versuche mit anderen Materialien durch.

Eine Art Evolution

Ich hatte bereits in meiner ersten Publikation zur Raumakustik – „Durch die Raumakustik muss ein Ruck gehen –, beschrieben, dass der Ingenieur Dr. H. Winkler mir Messungen gestiftet hatte.

Obgleich diese Messungen keinen unmittelbaren Vergleich ‚vorher/nachher' zulassen, sind sie sehr aufschlussreich. Wir nutzten zumindest die Gelegenheit, dem bereits mit den C-Cases ausgestatteten Raum einen vergleichbaren Raum gegenüber zu stellen.

Damit haben sich selbstverständlich keine konkreten Vergleichsdaten ergeben. Jedoch ließen sich auch daraus und zusammen mit den Tonaufnahmen und den unmittelbaren Erfahrungen von verschiedenen Personen – mit und ohne Hörbeeinträchtigungen – wertvolle Rückschlüsse ziehen, die ich in meine weiteren Entwicklungen habe einfließen lassen.

Da die Sprachverständlichkeit schon mit den Reflektorflächen in der gegebenen Größe eine so außerordentliche Unterstützung erfahren hatte, war die Sprachverständlichkeit nicht der ursächliche Grund, weshalb ich die Frontreflektoren vergrößert habe.

Sondern ich möchte künftig mehr der Raumkante abschirmen können.

Die Abschirmung bietet ja letztlich eine sehr einfache Gleichung an: Da die Reflektoren schräg vor der Raumkante angeordnet sind, gelangt der Schild auch, je größer, je höher er also ist, um so weiter in den Raum hinein, denn die Spalten zu Wand und Decke müssen

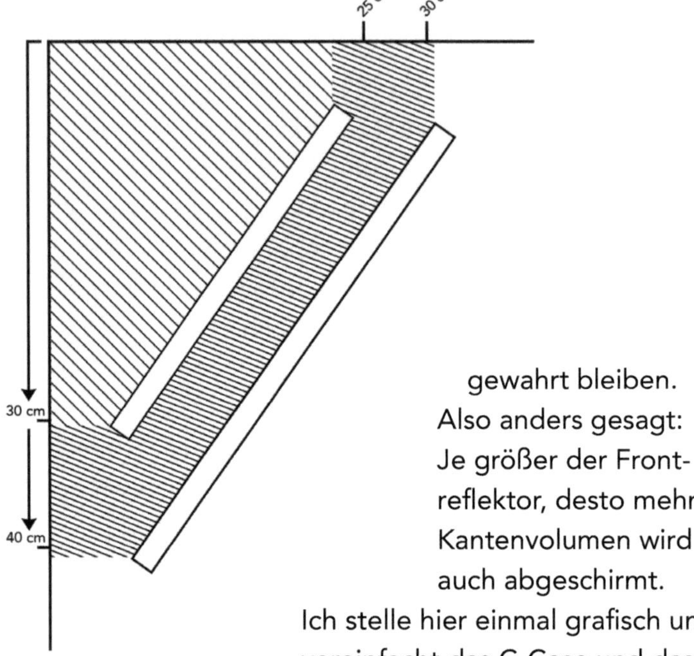

gewahrt bleiben.
Also anders gesagt:
Je größer der Front-
reflektor, desto mehr
Kantenvolumen wird
auch abgeschirmt.
Ich stelle hier einmal grafisch und
vereinfacht das C-Case und das
Reflx-System gegenüber – in der
Ausführung, wie sie in Raum 116 der Städt. Realschule
Waltrop hängt gegenüber jener Ausstattung in Raum
122.

Konkret sind die Frontflächen der C-Cases in Raum
116 nur 312 mm hoch. Die Breite der einzelnen Bauteile
ist zweitrangig, weil es ohnehin um die Hängung dicht
an dicht in Reihe geht. Die Breite der Elemente stellt
lediglich ein Raster für die Hängung dar.
Die einzelnen Elemente des **ReFlx**-Systems, das ich
in Raum 122 installiert habe, haben eine Breite von 600
mm, bei einer Höhe der Frontflächen von 420 mm.

Inzwischen habe ich den Entwurf für das Standard-Element aus Holzwerkstoffen weiter überarbeitet.

Nun also 900 mm breit, reichen weniger Elemente für dieselbe Ausstattung in einem Raum – was die Produktionskosten senkt. Und es verringert zugleich auch den Montageaufwand vor Ort.

Letztendlich ging es bei dieser Überarbeitung tatsächlich um die Kostenfrage: Nicht nur vor dem Hintergrund pandemiebedingter Engpässe, sondern auch – das darf man nicht übersehen – vor dem Hintergrund einer langfristig steigenden Nachfrage nach Holz sind mir im Herbst 2021 gleichsam die Materialkosten im Galopp davongelaufen. Da habe ich selbstverständlich nach Wegen gesucht, die Kosten für die Ausstattung etwa eines Klassenraumes nicht weiter ansteigen zu lassen.

Die neue Aufteilung von Material – und damit Gewicht – zwischen Frontplatte und Trägereinheit war dabei ein wesentlicher Aspekt, da zu berücksichtigen ist, den Frontreflektor eben trotz der größeren Breite nicht (noch) schwerer werden zu lassen.

Was das ReFlx-System kennzeichnet

Im nächsten Schritt nun setzte ich ganz auf das Konzept, den Schall in der Raumkante beim Stören zu stören: Mit dem **ReFlx**-System gehe ich konsequent ohne den Resonanzkörper vor. Die Absorption nutzte ich hier nur noch, um Kosten zu sparen:

Es erfordert ein aufwändigeres Trägersystem und es braucht mehr teures Holz, die Doppelschilde einzusetzen, um den Raumkanteneffekt auszuschalten.

Dabei muss ich hier einmal offen bekennen – als Freund und gleichsam Liebhaber von Holz: Es macht Spaß, mit einem Frontreflektor und einem innenliegenden Schild jeweils aus reinem Holz vorzugehen. Man kann bei Plattenstärken von zum Beispiel 18 oder 22 mm sogar gut ohne jede Resonanzdämpfung auskommen, denn ein warmer, holziger Klangcharakter, der ohne Dämpfung noch eher verstärkt wird, kommt der Raumakustik sehr zugute. Für Sprache auf jeden Fall, weil Stimmen dadurch eine angenehm warme „Färbung" bekommen. Und für Musik, je nach Instrument und etwaig auch persönlichen Vorlieben, ist es auch nicht gerade von Nachteil, den Raumklang mit einem warmtönenden Holzcharakter gleichsam vorzufiltern.

Aber da der Frontreflektor ja letztlich alles verdeckt, ginge es dort, wo der Zweck im Vordergrund steht, eher darum, „zu wissen" es sei Holz. Das betrifft also zum Beispiel Besprechungsräume oder Klassenräume.

Da darf man – meine Ansicht – in Zeiten der deutlichen Verknappung des Rohstoffs ‚Holz' gern mal auf Holzwerkstoffe zurückgreifen, darf auch gut und gern an

Holzwerkstoffen Kosten sparen, soweit diese ohne Schadstofflast auskommen.

Die schön präsentierte Reflektorfront reicht – über die Rückseite und das Trägerelement zusätzlich mit absorbierender Masse ausgestattet – um dem Schall die Energie zu entziehen. Aber eben am offenen System.

Das **ReFlx**-System ist *kein* klassischer Kantenabsorber.

Teil III

Sinnsuche mit Suchsinn

Die große Kraft der Mathematik

Wenn es bereits eine These gewesen wäre, dass man dem Schall auch rein schallhart, also mit bloßer Reflexion begegnen könne, so hätte die Antithese vielleicht lauten können, dass überschüssige Schallenergie auf kurzen Distanzen nur über Absorption zu bewältigen sei.

Um das zu überprüfen, bin ich mit meinen Experimenten also über jene Varianten hinausgegangen, die ich zuvor bereits beschrieben hatte und die ich in Klassenräumen installiert habe.

Ich habe bewusst umfangreich auch *rein* schallhart experimentiert.

Nicht, dass mir missfallen hätte, was sich da am Horizont abzeichnete. Aber was war der bloße Gedanke und aussichtsreiche Einfall wert, wenn er vielleicht schon an einfachsten Überprüfungen scheitern würde? Weniger als ein nüchternes Hoffen auf bessere Zeiten.

Gespannt und mit Freude stellte ich mich der mir zutiefst zueigenen Skepsis.

Einmal abgesehen davon, dass ich in der Tat von all den Berechnungen, die in der Raumakustik Anwendung finden, nichts verstehe, ist ja die Mathematik an der Raumakustik – zumindest der kleinen bis mittelgroßen Räume – faktisch gescheitert.

Selbstverständlich hatte man sich gefreut und freut sich bis heute darüber, dass in den 1930er Jahren – also so grob geschlagen ein Jahrzehnt nach Sabine's vorzeitigem Tod (der keine Flucht war, sondern ein Verhängnis) – Mathematiker das „Sabine'sche Gesetz" hatten bestätigen können. Aber das hat auch den Boden fruchtbar bereitet für einen Irrtum, der bis heute regiert: Nämlich, dass der kubische Raum im akustischen Sinne eine in sich abgeschlossene Größe sei, die schlicht und ganz allein durch Flächen und Volumen beschrieben werden könne.

Man betrachtet das bloße Volumen also so – und lässt es sich willfährig von der Mathematik bestätigen – dass ein Raum durch das Verhältnis zwischen seinem Volumen und der in ihm befindlichen, mehr oder minder den Schall absorbierenden, also porösen Oberflächen beschrieben werden könne.

Nicht nur zum Spaß muss ich einmal Lesch zitieren. Der hat sich nicht zur Akustik geäußert (oder vielleicht doch, aber dann weiß ich nichts davon). Aber zur Mathematik hat er etwas gesagt. In einem Symposium warf er seinem geneigten Publikum salopp hin:

„Die Strukturwissenschaften Philosophie und Mathematik erlauben sich ja, über Strukturen nach-zudenken, die nicht notwendigerweise existieren müssen. […] Das ist geradezu die große Kraft der Mathematik, dass sie nicht von vornherein auf die Wirklichkeit beschränkt ist."

(Harald Lesch am 22. Juli 2011 im Physikalischen Kolloquium der Universität Bayreuth; zu finden auf Youtube)

Nun, ich sollte wohl nicht gleich verallgemeinern. Und vielleicht interpretiere ich auch Herrn Lesch ganz falsch.

Ich formuliere einmal vorsichtig: Was möchte *mir* das sagen?

Es ist wohl nicht der beste Weg, den man gehen kann, sich der Mathematik zu bedienen, um physikalische Thesen zu beweisen. Denn diese von Lesch so genannte „große Kraft der Mathematik" birgt in sich zugleich das gewaltige Risiko des somit als wahrhaftig belegbaren Irrtums.

Salopp möchte ich es einmal so ausdrücken: (Fast) alles Denkbare lässt sich auch mathematisch beschreiben.

Das ist vielleicht nicht der Sinn der Mathematik – aber der ihr ganz eigene Charakter.

Jeder, der die Mathematik besonders innig liebt oder gar seine Profession nennt, möge mir mein Lästern nachsehen. Schon Astrid Lindgren legte ihrer Pippi (der Langstrumpf) in den Mund: „Ich mache mir die Welt, wie sie mir gefällt." Das ist der Charakter der Mathematik: Zuerst legt man die Bedingungen fest, danach wird gerechnet.

Eben genau diese Bedingtheit ist das berüchtigte Restrisiko, wenn man rechnerisch etwas zu beweisen sucht.

Ein berühmtes Beispiel – ich erwähnte es bereits knapp in meiner Publikation „Durch die Raumakustik muss ein Ruck gehen" – bietet Ptolemaios. Ein gewiss nicht zu Unrecht hochgerühmter Mathematiker der Antike!

Dem ist – der in der Tat beachtliche – Kunstgriff gelungen, das geozentrische Weltmodell mathematisch so schlüssig zu beschreiben, dass für anderthalb Jahrtausende niemand mehr auf eine bessere Idee kam. Trotz aller Zweifel, die sich geregt haben sollen. Seine mathematischen Herleitungen stellten schlüssig alle Anomalien dar, die das geozentrische Modell dem Lauf von Welten und Zeiten aufnötigte.

Gar die Eigentümlichkeit der beobachtbaren Planeten, dass sie regelmäßig wiederkehrend innehielten, gar ein wenig rückwärts schwankten, um dann wieder entschlossen vorwärts zu streben auf ihrer ihnen vorbestimmten Kreisbahn, löste Ptolemaios gewieft und findig mit den Epizyklen.

Trotz der vereinzelten und hier und dort aufflammenden Kritik an seinem so komplexen Modell, dass es kaum wahrhaftig sein könne, war es aber doch niemandem gelungen, der Ptolemaios'schen Weltenformel stichhaltig entgegenzutreten.

Copernicus war derjenige, der in den Zeiten des allmählich erwachenden Geistes endlich ein Umdenken anstieß. Jene Zeiten eben, die der Gegenwartsmensch noch nicht der so genannten Aufklärung zurechnet.

Der junge Nicolaus, schon in seiner Jugend, soll am geozentrischen Modell des Ptolemaios gezweifelt haben. Vielleicht waren es nur die unbefriedigenden Umstände seines Lebens, dass er in Frieden und unbehelligt seine also unzulänglichen Studien fortsetzen konnte: Ab 1510 hatte Nicolaus Copernicus das Domkapitel in Frauenburg verwaltet. Die Unzulänglichkeit betraf nur seine Mittel und Möglichkeiten, nicht aber seines Geistes Wachsamkeit.

Aus den mageren Andeutungen meiner blassen Recherche (die mich ja nun auch nicht allzu viel Zeit kosten sollte) kann ich nur schließen, dass dieser „Dom" eher ein Hoffnungslauf in jenen Zeiten und auch kein Bischofssitz war. Bei der Hoffnung ist es ja dann auch

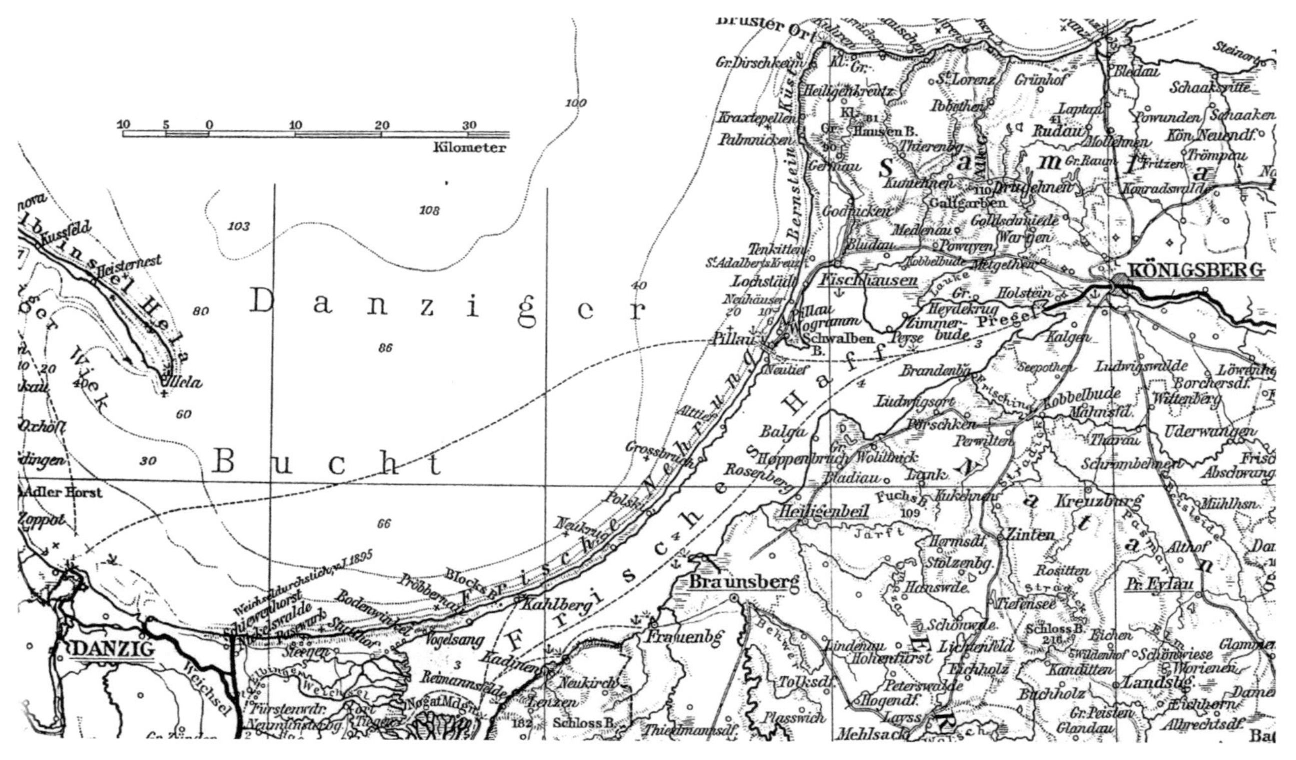

Danziger Bucht
Frisches Haff
KÖNIGSBERG
DANZIG
Braunsberg
Frauenbg
Heiligenbeil
Fischhausen
Pillau
Zinten
Pr. Eylau
Kreuzburg
Insel Hela
der Wiek
Zoppot
Adler Horst
Kilometer
Bruster Ort
Bernstein Küste
Pregel
Weichsel
Nogat

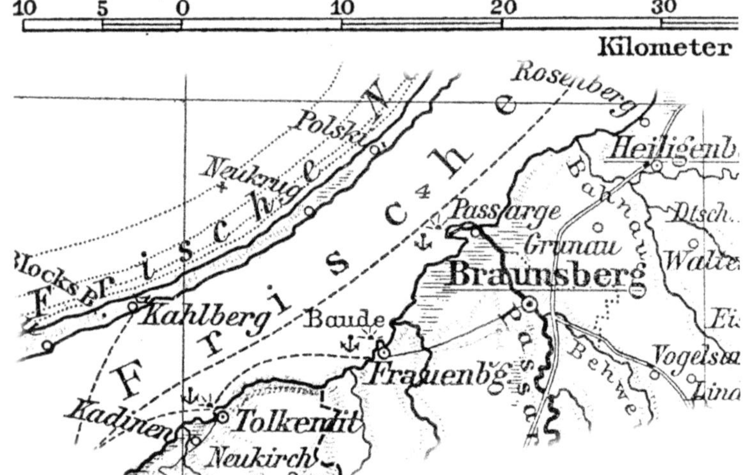

*Vorseite: Gesamtüberblick Danziger Bucht und bis Königsberg.
Diese Seite: Detailansicht zu Lage und Größe der kleinen
Stadt Frauenburg am 'Frischen Haff'.
Reproduktionen (in Schwarz-Weiß umgewandelt) aus:
A. Scobel (Hrsg.), **Andrees Allgemeiner Handatlas**,
vierte, völlig neubearbeitete und vermehrte Auflage;
Verlag von Velhagen & Klasing, Bielefeld und Leipzig, **1901***

geblieben. Und das sage ich nicht, weil das heutige
Frombrok in Polen eine irgendwie kleine Siedlung, nicht
einmal eine „richtige" Stadt ist. Es liegt auch nicht an
den tiefen Rissen in der Geschichte und an den zum Teil
absurden Abrissen von Chancen und Schicksalen, die
ein nur vermeintlich 1.000-jähriges Reich stellenweise
verhängnisvoll hinterlassen hat.

Ein Atlas von 1901 – von mir selbst sehr geschätzt und
behütet, dem antiquarisch versierten Bücherliebhaber
ein Aha-Erlebnis: „Andrees Allgemeiner Handatlas"
vom „Verlag von Velhagen & Klasing" – gibt eher Auf-

schluss: Auch vor über 120 Jahren ist Frauenburg nur mit genauem Hinschauen zu finden, wenngleich es noch nicht die kleinste verzeichnete Ansiedlung am Frischen Haff ist. Als Punkt mit einem Kreis darum herum nennt man es laut der Kartenlegende eine „Stadt" – mit unter 5.000 Einwohnern. Erst ein bloßer kleiner Kreis wird in der Legende nur noch als „Landgemeinde" beschrieben.

Das Google-Mobil macht's möglich: Über Google-Maps kann man leicht einen Eindruck davon gewinnen, dass eine vergleichbar große oder kleine Küstensiedlung, sagen wir, rein beispielhaft, in Mecklenburg-Vorpommern, auch in Deutschland auch heute nicht anders aussähe. – Dieses Frauenburg lag und liegt einfach zu abgelegen, um bedeutsam zu prosperieren.

Vielleicht tue ich Nicolaus Copernicus ein gewisses Unrecht an, wenn ich einmal spekuliere, dass man dem inhaltlich unterforderten Verwaltungsmitarbeiter, dem „Hobby-Astronomen" seine Schriften damals gern durchgehen ließ. Und wenn Copernicus sich nicht zuletzt durch Schriften von Aristarch von Samos (ca. 310 – ca. 230 v. Chr.) bestätigt gefunden haben mochte, so wird aber wiederum die Besonderheit des antiken Modells zu Sonne und Planeten seine Ansichten nicht vorteilhaft gestützt haben. Von diesem antiken Modell wich Copernicus bereits sinnvoll ab.

Ab 1512 hatte Copernicus seine Ansichten verschiede-nen, ihm bekannten und in ihrer Zeit möglicherweise auch nicht unwichtigen Persönlichkeiten schriftlich zuge-sandt. Als Verwalter tätig und auch nicht weiter vernehm-lich, wurde ihm seine heliozentrische Weltsicht auf diese Weise *nicht* zum Verhängnis.

Mathematisch untermauern konnte Copernicus seine These schlussendlich auch nur unter Zuhilfenahme epizyklischer Planetenbahnen. Und dass sich insgesamt die von ihm unterstellten, kreisrunden Bahnen der damals noch sechs Planeten um die Sonne herum eben nicht widerspruchsfrei zusammenfügen ließen, machten ihn vermutlich nicht unbedingt glaubwürdiger.

Laut der „Ziereis Faksimiles GmbH & Co. KG" (deren Website) soll Copernikus etwa 1530 damit begonnen haben, seine Thesen umfassend niederzuschreiben – und auch mit zahlreichen Kupferstichen zu illustrieren. Bereits 1533 soll der damalige Papst Clemens VII. sich von seinem Sekretär die neue Theorie des Copernicus erläutern lassen haben.

Erst 1541 habe sich der Nürnberger Verleger Johannes Petreius dafür gewinnen lassen, Copernicus' Werk als Buch aufzulegen: Ein auf 399 Exemplare limitiertes Faksimile aus dem Jahre 2006 ist bei Ziereis der Preiskategorie von EUR 1.000 – 3.000 zugeordnet. Zahlungskräftige Interessenten können – nach Anlegen eines persönlichen Kontos bei ‚Ziereis-Faksimiles' – ihr geschätztes Gebot für eines dieser dem Original bis hin zur aufwändigen Umschlaggestaltung getreu nachgebildeten Exemplare abgeben.

Wenige Monate nach der Veröffentlichung seines Werkes ‚De revolutionibus orbium coelestium' verstarb Nicolaus Copernicus 1543 im Alter von 70 Jahren.

„Als Nikolaus Kopernikus sein berühmtes Werk ‚De revolutionibus orbium coelestium libri sex' im Jahre 1543 der Mitwelt und Nachwelt übergab, hatte er über 30 Jahre lang bis nahe an seinen Tod daran gearbeitet", so

NIKOLAVS KOPERNIKVS ERSTER ENTWVRF SEINES WELTSYSTEMS

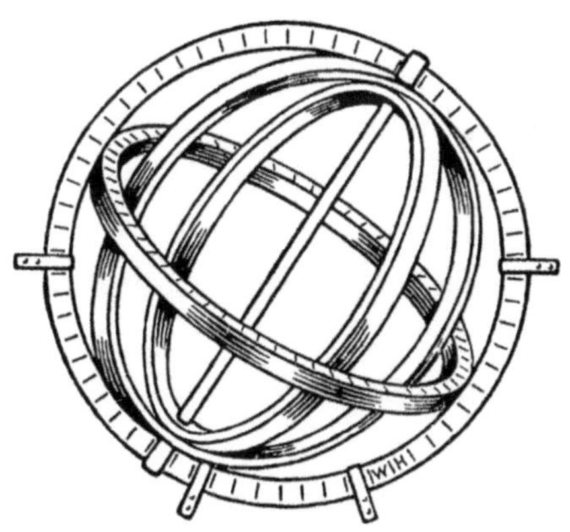

VERLÆG HERMANN RINN·MVNCHEN

lässt Fritz Rossmann uns wissen.

„Die von seinem Freunde Tiedemann Giese
überlieferte Tatsache, daß er das erste gedruckte
Stück der Revolutiones erst am 24. Mai 1543 auf
dem Sterbebett mit brechenden Augen sah, ist ein
ergreifendes Sinnbild für die Einzigartigkeit, Größe
und Kühnheit des neuen darin niedergelegten
Weltbildes. Er hat damit die Anschauung vom
Sternenhimmel, dem Größten und Erhabensten,
das uns Menschen zu schauen vergönnt ist, aus
der Ichbezogenheit des Beschauers gelöst, die
räumliche Anordnung seiner Teile wirklich erst
erkannt, richtig aufeinander bezogen und klar
begründet. „
*(Fritz Rossmann, Nikolaus Kopernikus – Erster
Entwurf seines Weltsystems, Verlag Hermann Rinn,
München 1948 – Seite 29)*

Bei allen gewitzten Winkelzügen, derer Ptolemaios sich
bedient hatte, war das neue Weltmodell des Kopernikus
immer noch komplex und kompliziert genug, dass ihm
nicht gelungen war, jede Unregelmäßigkeit wiederum
erklärend und gar mathematisch aufzulösen.

Blieb da nicht hinreichend und größerer Raum für die
Inquisition, die Größe und die Allmacht des einen einzigen Gottes zu rühmen?

Ich vermute einmal, es kann nur meiner – theologisch
betrachtet – erbärmlichen und nicht einmal mehr erbar-
mungswürdigen Naivität zuzuschreiben sein, wenn ich
nicht begreifen kann, wie eine menschliche Seele, um
seinen Gott zu retten, das kleinere Werk verteidigt, statt

ihm nun dieses noch viel bestaunenswertere Gesamtwerk zuzutrauen:

Nun drehte sich zwar nicht mehr im Wortsinn alles um den Menschen – aber der noch immer einzige Mensch bekam seine im Grunde noch viel einzigartigere Sonne, die als Zentrum aller Welten gar besser geeignet war, den einen Gott zu versinnbildlichen im täglichen und jährlichen – und Ewigkeiten währenden – Lauf von Zeit und Welt.

Aber „Angst essen Seele auf", erklärte Fassbinder uns 358 Jahre, nachdem die Schrift des Copernicus auf dem kirchlichen Index gelandet war: Noch stets haben jene, die anderen für das eigenständige Denken den Kopf abgehackt haben, sich nur den eigenen goldenen Käfig gestählt.

Man kann nur hoffen, dass diesen im Wortsinn ‚Wahn-Sinnigen' die Sicherheit und Verlässlichkeit ihres Käfigs dann wenigstens ein wenig die einsame Seele behütet und gewärmt hat. Sonst wären so viele für wirklich gar nichts bedroht, gefoltert und getötet worden…

Die Vorrede eines protestantischen Theologen zu der Buchauflage von 1543 soll sich eher sinnverzerrend auf Copernicus' Gesamtwerk ausgewirkt haben. Aber erst 1616 soll Copernicus' Schrift auf den kirchlichen Index gelangt sein – und hatte also offenbar doch mehr mit dem Aufsehen zu tun, das inzwischen um *Galileo Galilei* entstanden war.

Recht lange Zeit *nach* Copernicus erst war es Johannes Kepler gelungen, das heliozentrische Modell durch die Entdeckung der elliptischen Planetenbahnen zu stützen.

Kepler war es auch, der ein Fernrohr entwarf, um den Planeten näher zu kommen. Praktisch allerdings gelang Kepler der Bau eines Fernrohres noch nicht.

Galileo Galilei soll als Erster– jedoch nach den Entwürfen des deutsch-niederländischen Optikers Hans Lippershey – 1609 sein eigenes astronomisches Fernrohr gebaut haben.

Wo Copernicus noch rein theoretisches und eben auch noch unaufgelöstes Gedankengut wenig öffentlichkeitswirksam verbreitete, da wurde nun Galileo deutlich konkreter. 1616 verbot man ihm, weiter seine Lehren zu verbreiten. Aber das Schweigen gelingt nicht gut, wo bloßer Glaube – und allein die Kraft der gewalttätigen Obrigkeit – das Offensichtliche nicht unsichtbar macht.

Nachdem Galileo 1632 seine „Dialogo" veröffentlicht hatte, schlug die Inquisition zu. Vielleicht ließ die bloße Gehorsamspflicht des Galileo – das ganze Mitleid muss den bedrängten Peinigern gelten – dem Wahn gar keine andere Wahl: Man hat gewiss eifrig allein um Inhalte gestritten, um sich nicht zu erkennen zu geben – wo in Wahrheit mal wieder nur gekränkte Seelen weinten.

Leidlich herausgewunden, durfte Galileo also 1633 immerhin abschwören. Mundtot und unter Hausarrest fristete Galileo dann noch über acht Jahre seines Lebens – nicht nothaft und arm, aber doch sicherlich unter vernehmlichem Zähneknirschen. Das aber überhörten die Inquisitoren gewiss mit Genugtuung, derweil sie ihn von nun an nahe Florenz unter ihrer Obacht und unter Verschluss wussten. Und als Galileo kaum vier Jahre später ohnehin erblindet war, konnte er ja auch nicht mehr durch sein Fernrohr schauen…

Trotz seiner Erblindung vollendete Galileo seine 1638 veröffentlichten „Discorsi e dimostrazioni matematiche". Er erfrechte sich zugleich, nicht – wie dereinst für alle wissenschaftlichen Verfassungen üblich – Lateinisch zu schreiben, sondern als einer der Ersten in seinem muttersprachlichen Italienisch zu verfassen.

(weitere Quellen, die ich bis hierher nicht benannt hatte: Brockhaus – Das Taschenlexikon, F. A. Brockhaus, 2010; dtv-Atlas zur Astronomie, DTV, 11. Aufl. 1993; https://www.ziereis-faksimiles.de/)

Wohl etwas beschämend für zwei Jahrtausende Menschheitsgeschichte: Bereits Aristarchos von Samos (ca. 310 – ca. 230 v. Chr.) hatte ein heliozentrisches Weltmodell entwickelt. Und auch nach der Demütigung des Galileo, runde 100 Jahre nach Kopernikus, gab die Gottgewalt – in Gestalt und Kraft einer ach so gewöhnlichen Institution – sich noch lange nicht geschlagen.

Auch unabhängig davon fragt man sich durchaus, welche Irrung den Ptolemaios runde vier Jahrhunderte nach Aristarchos beflügelt haben mochte, die Welt nicht nur im schnöden und einfachen Bekenntnis, sondern vielmehr innerhalb eines komplexen mathematischen Modells in den Mittelpunkt allen Geschehens zu setzen. Dabei hatte schon der alte und große Platon, noch vor Aristarchos (und also weit vor Ptolemaios), einer allzu engen Sicht auf der Welten Wunder und Banalitäten präventiv die Legitimation und Geltung abgesprochen.

An dieser Stelle – und ohne ausschweifende Details – möge hier ein bloßer Fingerzeig reichen: auf Platon's Höhlengleichnis.

(eigenhändige
Illustration des Autors)

*„Sollte ein solcher Mensch wieder in die Tiefe zurück-
kehren [...] Müsste er aber mit den ewig Gefesselten
um die Wette jene Schattenspieler deuten, [...] müßte
er dann nicht zum Gespött werden und es hieße von
ihm: ‚Nach seinem Aufstieg nach oben kommt er mit
verdorbenen Augen zurück.' und ‚Der Weg nach oben
lohnt den Versuch nicht'? Und sollte er den Versuch
machen, sie zu erlösen und hinauf (zum Licht) zu führen,
wenn sie ihn zu fassen und töten vermöchten, sie würden
es tun."*

Der Staat, Siebentes Buch
(Platon, Sämtliche Werke, Phaidon Verlag Essen)

Auf jenes Höhlengleichnis komme ich etwas später zurück.

Aber mit Ptolemaios nun wieder bei der Mathematik angekommen, möchte ich hier gern noch einmal auf Lesch zurückkommen, indem ich ihn abermals zitiere:

„Wir in der Physik beschäftigen uns im allgemeinen mit Strukturen, die existieren. Das macht ja dann auch immer das Problem aus bei den Übungsaufgaben: Die einen sind nur an einem allgemeinen Beweis der Existenz einer Lösung interessiert – die anderen sind aber direkt an der Lösung interessiert. Deswegen lassen Mathematiker mich schon gar nicht mehr in ihr Institut, weil es immer heißt.: ‚Du vergewaltigst unsere Gleichungen!'"

(*Harald Lesch am 22. Juli 2011 im Physikalischen Kolloquium der Universität Bayreuth; zu finden auf Youtube*)

So sehr mir gefällt, wenn Lesch mir hilft, die Missverständnisse der Mathematik besser zu verstehen, so sehr ernüchtert es auch, wenn Lesch uns die Wissenschaft schlechthin weniger als eine tugendhafte Gilde, denn eher als einen noch immer im embryonalen Stadium der Aufklärung verharrenden Clan beschreibt, der ungerührt in der „Ichbezogenheit des Beschauers" (*Fritz Rossmann*) so etwas wie ein vorkopernikanisches Weltbild verteidigt. Heutzutage natürlich weitreichend modifiziert – will sagen, durch „moderne" Erkenntnis entschieden weiter gefasst:

„Eine der wichtigsten Hypothesen, die wir in den Naturwissenschaften machen, ist die folgende... Eine Hypothese, die an Arroganz nicht mehr zu überbieten ist. Das ist maximaler Chauvinismus. Sie wissen schon: Chauvinismus ist der Glaube an die Überlegenheit der eigenen Gruppe. Davon sind wir in der Physik nicht ganz unbetroffen. [...]

Es geht darum, dass wir von uns behaupten, [...] die Naturgesetze, die wir von unserem Planeten kennen, seien überall im Universum gültig. Mit anderen Worten: Der Außerirdische ist auch nur ein Mensch. Das bedeutet: Alles, was wir hier auf der Erde finden, ist ein ganz typisches Phänomen. [...]

Diese Naturgesetzmäßigkeiten werden in einer Sprache geschrieben [...]: die Mathematik.

Wir formulieren Naturgesetzmäßigkeiten, indem wir Folgendes tun: Wir führen eine Hypothesenüberprüfung durch. Die Mathematik ist eines der Instrumente, mit denen wir das überprüfen. Namentlich, wenn es darum geht, eine *empirische* Hypothese zu überprüfen."

(Harald Lesch am 22. Juli 2011 im Physikalischen Kolloquium der Universität Bayreuth; zu finden auf Youtube)

Der geneigte Leser ahnt schon, was mir da wieder so durch den Kopf geht: In der Akustik das von versierten Akustikern streitbar verteidigte ‚Sabine'sche Gesetz'... Letzteres wird „bewiesen" durch eine Wissenschaft, deren Bedingungen im weitesten Sinne – und nahezu beliebig – anpassbar sind.

Da drängt sich dann der Verweis auf Ptolemaios schon mal auf. Und auch der Hinweis auf Kopernikus. Allein, Kopernikus – obwohl er sich ebenfalls der abstrusesten mathematischen Konstrukte bedienen musste, um die (scheinbaren) Epizyklen der anderen Planeten zu erklären – weiß ich deshalb zu schätzen, weil er es nicht ausgelassen hat, Ptolemaios und alle anderen ihm zugänglichen Schriften und Autoren mit der nötigen Schärfe zu hinterfragen.

… um am Ende aufzeigen zu können, dass das geozentrische Weltmodell einfach nicht passte.

Irrtum und Kraft des Kopernikus

„Und so läuft Merkur insgesamt auf sieben Kreisen, Venus auf fünf, die Erde auf drei, dazu der Mond um sie herum auf vier, Mars, Jupiter und Saturn endlich auf je fünf Kreisen. Es reichen also 34 Kreise ganz und gar aus, und mit ihnen wird in das gesamte Getriebe des Weltalls und den ganzen Sternenreigen Klarheit gebracht."
(Fritz Rossmann, Nikolaus Kopernikus – Erster Entwurf seines Weltsystems; Hermann Rinn 1948 – Seite 28)

„Saturn, Jupiter und Mars haben eine ähnliche Bewegungsweise, weil sich ja ihre Bahnkreise, die jenen großen Jahresbahnkreis ganz umschließen, um den gemeinsamen Mittelpunkt eben dieses großen Bahnkreises im Sinne der Zeichen drehen. Und zwar wird der Bahnkreis von Saturn in 30, der von Jupiter in 12 Jahren, der von Mars in 29 Monaten einmal herumgeführt [...]."
(Fritz Rossmann, Nikolaus Kopernikus – Erster Entwurf seines Weltsystems; Hermann Rinn 1948 – Seite 19)

Was Kopernikus mit der Drehrichtung der Bahnkreise „im Sinne der Zeichen" meint, erläutert uns Rossmann in seinem Buch, wenn er beschreibt:

„Bei der ersten und zweiten Bewegung der Erde und an drei weiteren Stellen [...] sagt Kopernikus: ‚secundum signorem successionem' [...], das heißt

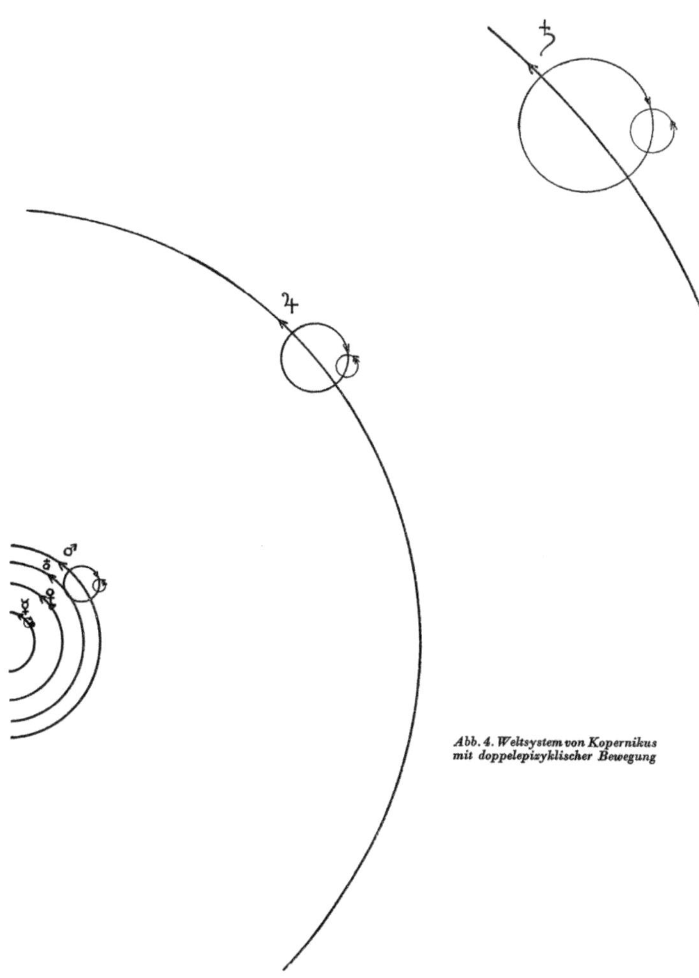

Abb. 4. Weltsystem von Kopernikus
mit doppelepizyklischer Bewegung

(Fritz Rossmann, Nikolaus Kopernikus – Erster Entwurf seines Weltsystems; Verlag Hermann Rinn, 1948 – Seite 47)

[…] im Sinne der Zeichen. Gemeint sind die 12 Sternzeichen des Tierkreises in der Reihenfolge: Widder, Stier, Zwillinge, Krebs, Löwe, Jungfrau,

Waage, Skorpion, Schütze, Steinbock, Wassermann und Fische. Im Sinne dieser Reihenfolge ist eine Bewegung am Himmel rechtläufig, während eine entgegengesetzte Bewegung rückläufig genannt wird."

Und unmmittelbar folgend zitiert Rossmann nach einer Ausgabe aus dem Jahre 1858 Kepler in dessen original Wortlaut.

Ich erlaube mir hier aber, Kepler etwas gegenwärtiger „einzudeutschen", damit er leichter zu lesen ist:

„Was eigentlich ein himmliches Zeichen mache?

Antwort: Gerade der zwölfte Teil von dem Kreis, unterhalb dessen die Planeten laufen [*eig. Anm.*: *gemeint ist der äußerste Kreis im Modell des Kopernikus, auf dem die Fixsterne kreisen*] , welcher griechisch Zodiacus heißt: Lateinisch recht eigentlich ‚signifer', deutsch […] der Tierkreis, […] besser der Bilderkreis. Denn das griechische Wort ‚Ζωδιον' wird gebraucht für ein gemaltes oder geschnitztes oder gegossenes Bildlein, […]. Darum haben die Lateiner es Signum genannt und mit ‚Animalculum' ein Tierlein. Denn das lateinische ‚Signum' heißt auch gemalte und gegossene Bilder, wie aus Cicero hervorgeht. Derjenige, der die ‚duodecim signa' anfangs verdeutscht hat, die zwölf Zeichen, der hat entweder das lateinische Wort ‚signum' in dem Verständnis übernommen, dass es gleichbe-deutend mit ‚Ζωδιον' sei, oder das deutsche Wort ‚Zeichen', das der Bedeutung als Bild gleichkommt. Es sollte vielmehr heißen ‚die 12 Bilder'. Weil heutzutage ‚Zeichen' gleichbedeutend ist mit ‚Charakter' […]."

(nach: *Fritz Rossmann, Nikolaus Kopernikus – Erster Entwurf seines Weltsystems; Hermann Rinn 1948 – Seite 40*)

Nun ja, da ist man dann wieder bei dem Thema der Übersetzungen angekommen. Über<u>setzen</u> kann eben nicht – wenn man inhaltsgerecht bleiben möchte – heißen, in eine andere Sprache zu übertragen, sondern man muss <u>über</u>setzen: Man muss gleichsam mit dem Boot **über**-setzen: Auf die Insel oder den Kontinent des Autors – um dessen Zeit, Verständnis und Botschaft auch wirklich greifen zu können.

Natürlich war Kopernikus noch ganz und gar von dem Denken vor allem des Ptolemaios'schen Modells stark beeinflusst.

Hätte Kopernikus die Freiheit und den Gedanken besessen – und hätte er die Möglichkeit gehabt – sich ein Modell wenigstens nur für den Umlauf zweier Planeten, nämlich von Erde und Mars um die Sonne zu bauen, so hätte er vielleicht sogar entdecken können, dass diese komplizierten Epizyklen, die er den mathematischen Berechnungen des Ptolemaios entlehnt hatte, gar nicht nötig waren – und allein der Not entsprangen, diese von der Erde aus *schein*baren Epizyklen irgendwie erklären zu müssen.

Aber man stellt sich das so leicht vor – vielleicht – mit dem Modellbau: In Zeiten, in denen schon in beinahe jeder kleineren Ortschaft mindestens ein Baumarkt präsent ist, der jedem halbwegs motivierten und nötigenfalls auch untertalentierten Do-It-Yourselfer sowohl hilfreiche Kleinmaschinen, als auch Roh- und Halbfertigprodukte anbietet…

Und nicht vergessen darf man die Evolution. Die ist für den belebten Teil der Welt allbekannt. Aber vergleichbar und nicht minder beherrscht sie das Denken: Das Denken schreitet allein voran an Widersprüchen und Ungereimtheiten im gegenwärtigen Denken.

Es sind viele, die sich mit der Welt arrangieren, wie sie ist – und damit auch bestens klar kommen. Aber es gibt auch solche, die an die gegebenen Grenzen von Leben und Sein nicht glauben. Und die getrieben sind von Zweifeln und Fragen.

Kopernikus war so einer, dem ja schon in seiner Jugend das Ptolemaios'sche Weltmodell als unschlüssig übel aufgestoßen sein soll.

Dabei war Kopernikus ein genauer Beobachter *nicht* des Himmels, sondern der Schriften.

Nur ein Beispiel, weil ich mich nun auch bei Kopernikus wiederum nicht allzu sehr verzetteln möchte:

„Da sich also die Äquinoktial- und die übrigen Hauptpunkte der Welt recht beträchtlich verschieben, begeht jeder zwangsläufig einen Fehler, der aus diesen die Gleichheit der Jahresumwälzungen abzuleiten sucht. Diese wurden nach vielen Beobachtungsergebnissen zu verschiedenen Zeiten ungleich gefunden. Hipparch gab dafür 365 $^1/_4$ Tage an. Der Astronom Albategnius fand dagegen für ein solches Jahr 365 Tage, 5 Stunden und 46 Minuten, das heißt 13 $^3/_5$ oder $^1/_3$ Minuten weniger als für das Ptolemaische. Wiederum aber um $^1/_{20}$ Stunde länger als bei jenem ist es bei Hispalensis, indem er das tropische Jahr zu 365 Tagen, 5 Stunden und 49 Minuten festsetzte.

Die Unterschiede scheinen sich aber nicht aus einem Fehler der Beobachtungen hergeleitet zu haben. Denn wenn man die einzelnen Beobachtungen genauer betrachtet, findet man, daß sie stets der Veränderlichkeit der Äquinoktialpunkte entsprochen haben. Solange sich nämlich die Hauptpunkte der Welt selbst um 1° je hundert Jahre änderten, wie es zu Ptolemaios' Zeit gefunden wurde, war die Jahreslänge damals die von Ptolemaios selbst überlieferte. Als sie sich aber in den folgenden Jahrhunderten mit stärkerer Veränderlichkeit bewegten, und zwar den unteren Bewegungen entgegen, wurde das Jahr um so kürzer, je größer die Verschiebung der Hauptpunkte wurde. Denn man stellte aus dem rascheren Herankommen in kürzerer Zeit die Jahresbewegung fest. Richtiger geht man also vor, wenn man nach den Fixsternen ein Jahr festlegt, das sich selbst gleich bleibt. So haben wir dies mit Spica in der Jungfrau getan und festgestellt, daß das Jahr immer 365 Tage und fast 6 $^1/_4$ Stunden gehabt hat, wie es sich auch im alten Ägypten findet. Dasselbe Prinzip ist auch bei den andersartigen Bewegungen der Planeten einzuhalten, was ihre Apsiden und die zum Fixsternhimmel festen Bewegungsgesetze, somit der Himmel selbst, mit unumstößlicher Beweiskraft lehren."

(*Fritz Rossmann, Nikolaus Kopernikus – Erster Entwurf seines Weltsystems; Hermann Rinn 1948 – Seite 15/16*)

Es bedurfte vermutlich schlicht der genaueren Beobachtungstechnik, die späteren Generationen und späteren Jahrhunderten vorbehalten blieben. Und vielleicht gar einfach einmal der Möglichkeit, zum heliozentrischen Denkmodell ein praktisches Modell zu bauen, um leichter entdecken zu können, dass die den inneren und äußeren Planeten unterstellten Epizyklen nur ein Trugbild sind.

So berichtet Fritz Rossmann in seiner Publikation aus dem Jahre 1948, dass man bereits im 13. Jahrhundert den nothaften Druck der erkennbaren Abweichungen am Himmel durchaus berücksichtigte.

„Das Frühlingsäquinoktium war beispielsweise gegen Ende des 15. Jahrhunderts vom 21. auf den 11. März gerückt", so heißt es bei Rossmann (*Fritz Rossmann, Nikolaus Kopernikus, Erster Entwurf seines Weltsystems, Verlag Hermann Rinn 1948 – Seite 42*).

Und ebenda weiter:

„Im Jahre 1516 wurde die Frage der Kalenderänderung einem Ausschuß des lateranischen Konzils unter dem Vorsitz des Bischofs von Middelberg übertragen. Eine Aufforderung zur Mitwirkung lehnte Kopernikus zwar ab, weil die Forschungsunterlagen ihm noch nicht genügend erschienen, aber die theoretische Seite der Frage wie vor allem die Ursache der Frühlingspunktverschiebung beschäftigte ihn doch lebhaft im Sinne seiner neuen Erkenntnisse."

Damit ist das Dilemma des Kopernikus bereits hinreichend beschrieben: Er stützte sich auf die verfügbare Literatur – und zumindest wenig auf eigene Beobachtungen.

Weshalb Kopernikus so viele Mauern nahm wie Mäuerchen im Hürdenlauf, über andere aber nicht hinwegzugelangen vermochte, darüber kann man natürlich nur spekulieren.

Aber derweil man kaum heute, sondern eher jüngst – in etwa den vergangenen 25 Jahren – so große Fortschritte im Verständnis zu Hirn und Denken hat erzielen können, kann man darüber heutzutage ganz vorzüglich spekulieren…

Kopernikus' Weltsystem

Das bescheidene Buch Rossmanns ist in vieler Hinsicht beachtens- und bestaunenswert – entstand es doch in Zeiten, als man sich weniger Gedanken über Leben machte, als darüber, wie das **Über**leben gesichert werden konnte.

NIKOLAUS KOPERNIKUS

ERSTER
ENTWURF SEINES WELTSYSTEMS

*SOWIE EINE AUSEINANDERSETZUNG
JOHANNES KEPLERS MIT ARISTOTELES
ÜBER DIE BEWEGUNG DER ERDE*

*Nach den Handschriften herausgegeben,
übersetzt und erläutert von
FRITZ ROSSMANN*

1948
VERLAG HERMANN RINN MÜNCHEN

Und so gibt es dann auch, der Zeit geschuldet, auf Seite 4 einen Vermerk, den ich anekdotisch wiedergeben muss:

"Published under Military Government Information Control License Nr. US-E 161".

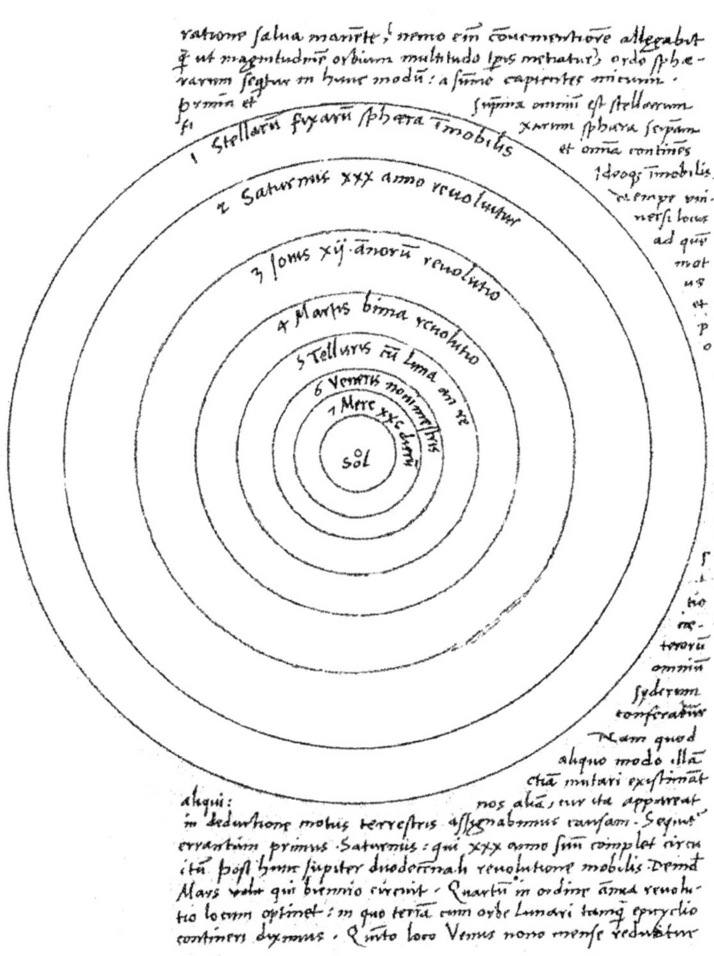

(*Fritz Rossmann, Nikolaus Kopernikus – Erster Entwurf seines Weltsystems; Verlag Hermann Rinn, 1948 – Seite 2*)

Es war dereinst, kurz nach dem Kriege, nicht selbstverständlich, sich öffentlichkeitswirksam über was auch immer frei zu äußern.

400 Jahre zuvor ging das noch. 332 Jahre zuvor aber schon nicht mehr! Und irgendwann Mitte des 20. Jahrhunderts, irgendwo in Deutschland, ging das noch immer oder schon wieder: nicht ohne Genehmigung.

Nun, wer meine erste Publikation zur Akustik, „Durch die Raumakustik muss ein Ruck gehen" bereits kennt, erkennt auch meine Neigung wieder, vom Thema abzuschweifen. So das Schweifen in den Zeiten oder in den Themen mir irgendwie nährstoffreich erscheint.

Wenn ich bei Rossmann lese: „Kopernikus wird viel gerühmt, doch selten gelesen" (*erster Satz seines Vorwortes*), dann finde ich mich so unweigerlich wie unwillkürlich erinnert an Wallace C. Sabine. Denn bisweilen drängt sich mir der Eindruck auf, in der Akustik erginge es Sabine ganz ähnlich:

Ihm zu Ehren eine Verneigung zu verschenken, ist niemandem zu mühsam. Allein, die von Sabine mühsam niedergeschriebenen Schriften auch mühsam zu ergründen, erübrigt sich, so scheint's… so man nur das nach ihm benannte „Gesetz" beflissen achtet.

Mein Eindruck mag fehl gehen und somit mein Verdacht unbegründet, gar ungerecht sein. Aber wer, bitte, hat Sabine's „Collected Papers" auch gelesen, der glaubt, sich auf ihn und seine Formel berufen zu dürfen? Etwas umfangreichere Ausführungen dazu habe ich in meiner erwähnten Publikation gebracht – und möchte ich hier nicht wiederholen.

Auf andere Ausführungen Sabine's, einschließlich neuer Zitate, gehe ich hier sehr wohl – und somit auf Sabine dann doch noch einmal ausführlicher – ein.

Beton im Hirn

… ist ganz natürlich.

So natürlich, dass es nicht nur die Mauern der Gedanken selbst sind, die diesen Beton im Hirn abbilden, sondern es gar gleichsam Teil der physischen Natur ist.

Mit anderen Worten: Hirn wehrt sich nicht gegen Neues. Ganz im Gegenteil – ist Neugier doch ein ganz wesentlicher Sinn und Zweck von Hirn.

Eine andere und wichtige Aufgabe von Hirn aber ist es eben, für verlässliche Lebensbedingungen zu sorgen…

Ich beginne in einer Zeit, da man von der strukturellen Existenz dieses Betons im Hirn noch nichts wusste.

In solchen Zeiten war es – wenn die Überlieferungen nicht trügen – Platon, der Sokrates beim Sterben zusah. Und dieser Tod war so wenig freiwillig wie selbstgewählt, obgleich man Sokrates, den Schirlingsbecher zu trinken wählen ließ, wie eine Gunst: Es gibt – sehr wohl – solche Freiwilligkeiten, von denen nur die Nötiger sagen, sie hätten respektvoll eine Wahl erboten.

Diejenigen, die da einst die Macht inne hatten im alten Athen, konnten sich gewiss sein, dass ihr Obsiegen nicht geschmälert würde, wenn sie dem Sokrates die Fratze des Respekts zeigten.

Dass sie mit Sokrates' Tod den Sokrates nicht mundtot bekamen, dankt sich allein Platon – Sokrates' einstigem Schüler. Nicht nur, so gut es ihm aus der Erinnerung gelang, schrieb der uns die Verteidigungsrede des Sokrates

nieder, sondern – als habe er Sokrates' Dialoge bereits zu
dessen Lebzeiten protokolliert – füllte Platon mehrere
Bücher, um das Gedankengut des Sokrates zu über-
liefern, ohne sich selbst zu gefährden.

Mindestens bedrängt wurde Platon schon genug:
Wann immer er, turnusmäßig immer wieder, in politischen
Ämtern stand, war er seinen Zeitgenossen mindestens
unbequem.

Der gerühmte Platon nun legte Sokrates – den man ja
stets nur lehrend oder streitend, aber nie als Schriftsteller
kannte – so auch dieses in den Mund:

„Stelle Dir Menschen vor, die in einer höhlenarti-
gen unterirdischen Behausung mit einem nach dem
Licht hin offenen und die ganze Breite der Höhle
einnehmenden Eingang leben. In ihr leben diese
Menschen von klein auf; sie tragen [...] Fesseln, so
daß sie bewegungslos sitzen müssen und nur nach
vorne schauen können. [...] Zwischen dem Feuer
und den Gefesselten führe ein Weg oben vorbei;
daneben denke dir ein Mäuerchen hochgezogen
ähnlich einem Gestell, wie sie Gaukler vor ihrem
Publikum haben und auf ihnen ihre Kunststücke
vorführen. [...] längs dieser Schranke trügen Leute
mancherlei Gerätschaften vorbei, die über die
Mauer hinausragen, auch Menschenstatuen, Stand-
bilder anderer Lebewesen aus Stein, Holz und
allerlei anderen Materialien. Beim Vorübertragen
lassen natürlich einige ihre Stimme hören, andere
schweigen. [...]

[...] kannst Du Dir fürs erste denken, daß solche
Leute von und aneinander etwas anderes zu sehen

bekommen haben, als die Schatten, die von dem
Feuer auf die Höhlenwand vor ihnen gefallen sind?
[...]

Wenn sie nun miteinander reden könnten,
meinst Du nicht, sie hielten all dies, was sie
sehen, für die Wirklichkeit?"

*(Platon, Sämtliche Werke, Phaidon Verlag, Essen;
„Der Staat, Siebentes Buch", Seite 535)*

Sodann beschreibt er einen, den man aus den dunklen,
schattigen Tiefen hervorholt, ihn ans helle Sonnenlicht
führt und ihm die Bilder zeigt, mit denen man die Schein-
welt als Schatten an die Felswand geworfen hat. Und
dem man überhaupt die ganze wahrhaftige Welt zeigt,
die noch darum herum existiert.

Und dann weiter:

„Sollte ein solcher Mensch wieder in die Tiefe
zurückkehren und seinen früheren Platz wieder
einnehmen, wären da seine Augen nicht voller
Finsternis, wenn er plötzlich aus dem Sonnenlicht
kommt?

[...]

Müßte er aber mit den ewig Gefesselten um die
Wette jene Schattenspieler deuten, solange sich
die Augen noch nicht eingewöhnt haben und noch
unscharf blinzeln – und ein solcher Mensch würde
keine kleine Weile für die Eingewöhnung benötigen
– müßte er dann nicht zum Gespött werden und es
hieße von ihm: ‚Nach seinem Aufstieg noch oben
kommt er mit verdorbenen Augen zurück' und ‚Der
Weg nach oben lohnt den Versuch nicht'? Und
sollte er den Versuch machen, sie zu erlösen und

hinauf zum Licht zu führen, wenn sie ihn zu fassen und töten vermöchten, sie würden es tun!"
(*Platon, Sämtliche Werke, Phaidon Verlag, Essen; „Der Staat, Siebentes Buch", Seite 536/537*)

Weswegen die den alten Kameraden, der nun – mit neuem Wissen – zum Eindringling wird, zunächst verhöhnen, am Ende aber gar töten mögen, lässt uns etwa der Psychiater Manfred Spitzer verstehen.

– Vorab möchte ich klarstellen: Das entschuldigt gar nix! –

Sokrates erklärt, wie straff an Gliedmaßen und an Kopf und Hals die Höhlenbewohner gefesselt seien, so dass sie sich gar nicht rühren können, sondern nur geradeaus schauen – auf die gegenüberliegende Wand mit den Schattenbildern.

Sokrates führt das recht ausführlich aus, weil er später erläutert, wie sehr nun der ans Licht Geführte zunächst unter Schmerzen an Gliedern und an seinen Augen leidet – bis er sich langsam und allmählich gewöhnt hätte.

Spitzer lässt uns heute in klarerem Licht erscheinen, dass die gefesselten Höhlenbewohner nicht nur um ihren Status Quo – der ihnen gewohnt, und deshalb lieb ist – kämpfen, sondern auch gegen ihre Angst an: Das Neue bedeutet eine Gefahr, denn die Höhlenbewohner haben gelernt, dass allein schon das Überschreiten der starren Bewegungsgrenzen Schmerz auslöst.

„Zum Fürchten-Lernen braucht man den Mandelkern. […] Ohne Mandelkern kann ein Mensch zwar noch neue Fakten […] lernen, nicht aber die Angst […]. Ohne Hippocampus hingegen ist es umgekehrt, man lernt die Angst, aber nicht die Fakten.

[…] Angst produziert einen kognitiven Stil, der das rasche Ausführen einfacher gelernter Routinen erleichtert und das lockere Assoziieren erschwert."

(Manfred Spitzer, Medizin für die Bildung – Ein Weg aus der Krise; Springer Spektrum, 2010 – Seite 138)

Es mag nun böse erscheinen, wenn ich erahne, weshalb Büchner den Lukrez nicht frei und losgelöst von der strengen Wortwahl des Lukrez zu übersetzen vermochte, weshalb Büchner zum Lukrez nicht **über**zusetzen vermochte:

„Die Funktion des Mandelkerns ist es […], bei Abruf von assoziativ mit ihm verknüpftem Material den Körper und den Geist auf Kampf und Flucht vorzubereiten. […] Was immer an gelerntem Material unter Beteilgung des Mandelkerns gespeichert wird, wird bei Abruf dafür sorgen, dass eines genau nicht möglich ist: der kreative Umgang mit diesem Material."

(Manfred Spitzer, Medizin für die Bildung – Ein Weg aus der Krise; Springer Spektrum, 2010 – Seite 141)

Karl Büchner hatte von 1910 bis 1981 gelebt. Wie hatte der wohl Latein gelernt? Nicht allein aufgrund meiner eigenen Erfahrung mit dieser Sprache wage ich vage zu erahnen…

Wenn das Gehirn also irgendwann – nun noch einmal einen Blick zurück zu Sokrates' Höhlengleichnis – nichts Neues mehr lernen möchte, dann ist auch das ein Lernprozess: der Angst.

Denn eigentlich kann das Hirn gar nicht anders als ständig begierig Neues zu lernen. Das kann man nicht nur bei Spitzer mit Spannung verfolgen.

Wir lernten in der Schule noch, dass – wenn etwa durch einen Schlaganfall Fähigkeiten verloren waren – sich das Gehirn von solchen Totalausfällen nicht erholen könne, weil Gehirnzellen irreversibel geschädigt seien. So erlernten wir das Bedauern – und begannen erst allmählich und ohne Verständnis über solche Einzelfälle zu staunen, in denen unbegreifliche Fähigkeiten mühsam, aber wiedererlangt wurden.

Lernfähig also ist das Gehirn einerseits nur in der Vernetzung – aber auch, und deshalb stets aufs Neue, eben gerade in der unaufhörlichen Neuvernetzung.

Der hilflose Ausruf: „Das haben wir aber so gelernt!" wirkt logisch… allein mit den Augen der Angst.

Ausnahmslos kein Thron des Wissens verdient schützende Kritiklosigkeit und schweigenden Respekt – sondern muss aushalten können, zwanglos angesägt zu werden.

„Das menschliche Gehirn wiegt 2 % des Körpergewichts, verbraucht jedoch mehr als 20 % der Energie, die wir mit der Nahrung aufnehmen. Menschen ‚leisten sich' diesen Luxus, denn wie die Flügel eines Albatros und die Flossen des Wals für das Fliegen und das Schwimmen optimiert wurden, wurde auch das Gehirn durch die Evolution optimiert: für das Lernen. Dies ist aber nicht gleichbedeutend damit, dass die Evolution uns Menschen für die Schule optimiert hat. Und wie jeder schon leid-

voll erfahren musste, hat sie uns ganz gewiss
nicht zum Auswendiglernen optimiert. Genau
dies versteht jedoch der Laie unter Lernen:
sich am Schreibtisch sitzend mit in ein Buch
gesenkter Nase die Seiten entlang quälen. Wenn
die Gehirnforschung der vergangenen zwei
Jahrzehnte jedoch eines gezeigt hat, dann, dass
aus neurobiologischer Sicht dieses Verständnis
von Lernen vollkommen falsch ist. Man könnte
sogar sagen, diese Form des Lernens sei nicht
gehirngerecht […]"

*(Manfred Spitzer, Medizin für die Bildung – Ein
Weg aus der Krise; Springer Verlag, 2012 – Seite 50)*

Vielleicht also war auch der hoch gebildete Kopernikus
nur einfach niemals auf die Idee gekommen, dass es
nötig sein könnte, dem eigenen Hirn und Denken einmal ein im Wortsinn „be-greifbares" Modell kritisch
gegenüber zu stellen.

Nicht einmal nur vielleicht, sondern wahrscheinlich
war er selbst zufrieden damit, dass er gedanklich in den
Wolken – oder besser: in den Tiefen des Himmels –
herumkraxelte und sich den Kopf über Dinge zerbrach,
die die meisten Menschen nur insoweit wirklich berühr-
ten, als Tag und Nacht sich abwechselten und die Jahres-
zeiten mit einiger Verlässlichkeit in letzter Konsequenz
so etwas ermöglichten, wie Land- und Forstwirtschaft…
sprich: Nahrung gaben.

Es ist nun wirklich nicht unwahrscheinlich, dass es
einem Kopernikus ganz absurd erschienen wäre, sich
zum Beispiel mit einem Tischler zusammen zu tun, damit
der ihm ein in sich banales, jedoch hinreichend präzises

Modell von dem komplizierten Großen und Ganzen bauen könnte. Es ist gar eher wahrscheinlich, dass es einem Kopernikus angemutet hätte, als wolle man sein hohes Denken mit der groben Gewalt des ganz soliden und bodenständigen Handwerks in die Knie zwingen.

Dereinst war, einfach zu denken, noch nicht hoch im Kurs – und mochte allein einfachen Leuten durch den schnöden Alltag helfen. Aber wer mochte in jenen Zeiten – und auch noch lange danach – glauben, dass, einfach zu denken, die größeren Probleme würde lösen können?

„Die wichtigste Erkenntnis der neurowissenschaftlichen Grundlagenforschung aus den letzten zwei Jahrzehnten hat den Namen Neuroplastizität. Glaubte man noch bis etwa 1990, dass im Gehirn relativ wenig Veränderung geschieht, wissen wir heute das genaue Gegenteil: Nervenzellen und vor allem die Verbindungen zwischen ihnen, die Synapsen, ändern sich fortwährend durch ihre eigene Tätigkeit. Oder anders gewendet: Das Gehirn ändert sich laufend mit seinem Gebrauch."

(Manfred Spitzer, Medizin für die Bildung – Ein Weg aus der Krise; Springer Verlag, 2012 – Seite 50)

Das bloße Denken hatte Kopernikus weit gebracht. Jedoch bin ich durchaus der Meinung, dass ein Blick von außen auf das Weltmodell geholfen hätte.

Eben nicht bloß dieses Verharren im reinen Denken, sondern im weitesten Sinne der Mangel an praktischer Verknüpfung mag dazu beigetragen haben, dass Kopernikus doch nicht ganz aus dem (Denk-) Modell herauszufinden vermochte.

Und darüber hinaus gar ein gerüttelt Maß der Selbstgewissheit?

Das bloße Wissen und die Kenntnis von der Mathematik mit einer solchen Tiefe und einem so weit reichen-
den Geschick zu beherrschen, ließ ja die Lösungen mit
den Epizyklen weiterhin nicht nur ästhetisch schön und
intellektuell erhaben erscheinen, sondern auch einen
neuen Lösungsweg überflüssig. Die Vereinfachung der
Modellvorstellung war gar nicht dringlich.

„Auf den ‚großen Klassiker der Pädagogik'
des 17. Jahrhunderts […], Johann Comenius
(1592–1670), geht folgende Goldene Regel für alle
Lehrenden zurück: ‚Alles soll wo immer möglich
den Sinnen vorgeführt werden, was sichtbar dem
Gesicht, was hörbar dem Gehör, was riechbar
dem Geruch, was schmeckbar dem Geschmack,
was fühlbar dem Tastsinn. Und wenn etwas durch
verschiedene Sinne aufgenommen wird, soll es den
verschiedenen zugleich vorgesetzt werden' […].
Es war damals keineswegs unumstritten, dass Lernen besser funktioniert, wenn man etwas beispielsweise sieht und hört und tastet (be-greift), das zu
lernende Material also über mehrere Sinnesmoda-
litäten auf- und wahrnimmt. Heute zeigen Meta-
analysen entsprechender Studien, dass solches
multimodales Lernen effektiver ist als bloßes Zu-
hören […]. Dies gilt erst recht für den Umgang mit
den Dingen, denn dieser liefert nicht nur passive
Wahrnehmungen, sondern vor allem aktive
Erfahrungen."

(Manfred Spitzer, Medizin für die Bildung – Ein Weg aus der Krise; Springer Verlag, 2012 – Seite 123

und

Quellverweis gemäß Spitzer: Comenius, Johann Amos – Große Didaktik: die vollständige Kunst, alle Menschen alles zu lehren {Übers. des Originals von 1657 & Hrsg. A. Flitner}; Klett-Cotta, 2007 – S. 136)

All das gilt aber eben nicht nur für das Aufnehmen und Verarbeiten neuer Informationen, sondern ebenso für Kreativität.

Einfach ausgedrückt: Bezieht man mehr Sinne in die Lösung von Problemen ein, und kann das Gehirn auf einen umfassenderen Pool an Kenntnis und Erfahrung aus unterschiedlichen Bereichen zurückgreifen, so fallen auch die Lösungsvorschläge des Gehirns vielfältiger aus.

All das soll die großartige Leistung des Kopernikus nicht schmälern.

Solche Kenntnis zu Hirn und Denken im Hinterkopf, frage ich mich auch kaum noch, weshalb Kopernikus – wenn er schon das heliozentrische Modell, also die Sonne als Zentrum der Planeten als wahr erkannt hatte – als versierter Mathematiker die Ursache der scheinbaren Unregelmäßigkeiten der Bahnkreise der anderen Planeten nicht auch erkannt haben mochte. Und frage mich kaum noch, weshalb Kopernikus für die Bahnkreise der anderen Planeten doch wieder auf die Epizyklen zugegriffen hat, die schon Ptolemaios so kunstvoll zelebriert hatte.

Schon Sabine hat's gewusst

Vielleicht – oder gar wahrscheinlich (?) – lesen Akusti-ker sehr wohl und sehr genau in Sabine's „Collected Papers on Acoustics".

So sehr ich mich nämlich stets gefragt hatte, ob denn Akustikern oder ob Forschenden der Gegenwart über-haupt der Inhalt von Sabine's „Collected Papers" weit-reichender bekannt sei, als nur aus Zitaten anderer oder aus Zusammenfassungen wiederum Dritter, so sehr ahne ich inzwischen, dass ich vollkommen daneben liege, wenn ich wähne, heute interessiere sich keiner mehr für Sabine, sondern nur noch dafür, ihm unbekannterweise die Ehre zu erweisen.

Mit seiner Einleitung zu seinem 9. Kapitel der „Collected Papers on Acoustics" hatte Sabine – nicht nur – für DIN 18041 die perfekte Vorlage geboten:

„Da die Vertrautheit mit dem Phänomen des Schalls mittlerweile eine angemessene Erforschung der damit verbundenen Probleme (sogar) übertrifft, sind viele dieser Probleme gemeinhin in ganz un-nötiger Weise geheimnisumwoben. Das trifft viel-leicht für nichts mehr zu als für die bauliche Akustik. Die Verhältnisse um die Übertragung von Sprache in einem geschlossenen Raum sind kompliziert, das ist wahr, – aber eben nur, wenn man sich gegen eine präzise Lösung in Ansehung der angemessenen Datenlage versperrt. Es ist, mit anderen Worten, ein rationales technisches Problem.

Das Problem der baulichen Akustik ist notwendi-

gerweise komplex, und jeder Raum konfrontiert
mit vielen Bedingungen, die zur Lösung mehr oder
weniger beitragen, abhängig von den Umständen.
Um all den unterschiedlichen Einflüssen gerecht zu
werden, sollte man die Lösung quantitativ angehen,
nicht allein qualitativ; und um dem größtmöglichen
Nutzen und dem Anspruch einer technischen
Wissenschaft gerecht zu werden, sollte es so sein,
dass die Berücksichtigung [der Akustik] schon in die
Planung des Bauwerks mit einfließt, nicht ihr bloß
folgt.

Damit die Hörsamkeit in jeglichen Räumen gut
ist, ist es nötig, dass der Schall ausreichend laut
ist, dass seine gleichzeitigen Bestandteile eines
komplexen Schallereignisses auch die tatsächliche
relative Intensität besitzen, und dass aufeinander
folgende Klänge schnell wechseln, ob nun in
Sprache oder Musik, damit sie klar und deutlich
sind, gegenseitig ungestört und frei von Geräuschen, die von außerhalb Einfluss nehmen. Diese
drei Grundbedingungen, die aber auch ausreichend
sind, sind die Voraussetzung für gutes Hören.
Wissenschaftlich betrachtet beschreiben drei
Faktoren das Problem: Nachhall, Überlagerungen
und Resonanz. Als rein technisches Problem schließt
es die Form eines Saales mit ein, dessen Ausmaße,
und die Materialien, die verwendet werden.

Schall – schlicht Energie – einmal erzeugt in
einem geschlossene Raum, setzt sich fort, bis sie
entweder über die äußeren Wände abgeleitet worden ist... oder in eine andere Form von Energie um-

gewandelt, im weitesten Sinne Wärme. Diesen Prozess im Grunde des Energieverschleißes nennt man Absorption. Folglich, für den Hörsaal der Harvard University, wo und weswegen diese ganzen Untersuchungen begonnen hatten, war das Maß der Absorption einfach zu gering, so dass das ursprünglich gesprochene Wort noch fünfeinhalb Sekunden lang zu hören war. In dieser Zeit hat selbst der bedächtige Sprecher die nächsten zwölf bis fünfzehn Silben ausgesprochen."

(W. S. Sabine, Collected Papers on Acoustics; Forgotten Books 2012, originally published 1922; Seite 219/220 – in eigener Übersetzung)

Hatte Sabine – gleich zu Beginn seines Kapitels „Bauliche Akustik" – den Fokus zu sehr auf die Absorption gerichtet? Und damit das ganze spätere Unheil angestoßen?

Was ist also gewonnen, wenn die einen unter den Gegenwartsakustikern Sabine hochhalten – und selbstverständlich die „Collected Papers" zumindest in Auszügen genossen haben? Vielleicht auch nur in Buchauszügen Dritter, so dass aber die skeptischen Hinweise Sabine's verblassen mussten?

Und was, wenn die anderen Gegenwartsakustiker Sabine's „Collected Papers on Acoustics" gar als Standardwerk auf jeden Fall gelesen haben? Wenn sich dann aber Sabine selbst so verkürzt festzulegen scheint?

Man muss seine Beobachtungen und Hinweise im Hinterkopf behalten, wenn Sabine andererseits solche kernigen Aussagen macht.

„Das kann man, wenn man so möchte, betrachten als einen Prozess der umfassenden Reflexion an Wänden, Decken und dem Boden, zuerst von hier, dann von dort, wobei mit jeder Reflexion ein wenig Energie verloren geht, bis der Schall nicht mehr zu hören ist. Dieses Phänomen nennt man Nachhall, einschließlich des Echos als Spezialfall. Man muss jedoch beachten, dass ganz allgemein der Nachhall resultiert aus einer Vielzahl von Schallereignissen, die den ganzen Raum erfüllen – die sich der genaueren Analyse der verschiedenen Reflexionen entziehen. Es ist schwer, sie im Einzelnen wiederzuerkennen und unmöglich, sie genau zu lokalisieren."
(W. S. Sabine, Collected Papers on Acoustics; Forgotten Books 2012, originally published 1922; Seite 220 – in eigener Übersetzung)

Ich bestreite nicht, das Sabine damit die Probleme der Akustik angemessen umschreibt. Ganz im Gegenteil: Mit seiner Reduzierung ursächlich auf die Reflexion – und die Vielzahl von Reflexionen – stimme ich mit Sabine überein.

Aber darüber sollten seine Beobachtungen, die er zuvor ausführlicher beschrieben hatte, nicht außer Acht geraten.

Allzu streng wörtlich nehmen darf man ihn nicht – bzw. die einzelne Ausführung nicht alleinstellen. Seine zuvor recht ausführlichen Darlegungen dürfen nicht übersehen oder vergessen werden. Denn das wiederum verzerrt Sabine's ganze Arbeit.

„Grob zusammengefasst, gibt es zwei, und **nur** *zwei, Variablen in einem Raum – Form (einschließlich*

*der Größe) und Materialien (einschließlich der Mö-
bel). Beim Entwurf eines Hörsaals kann ein Architekt
sich beidem widmen; bei der Sanierung schlechter
akustischer Verhältnisse ist es grundsätzlich unmöglich, die Form zu ändern, und es sind nur noch
Wechsel der Materialien und der Möbel zulässig.
Deshalb war genau dieses die Leitlinie für die weitere Arbeit. Es war offensichtlich, dass – andere
Belange durchaus gleichwertig – das Maß, in dem
sich der Nachhall verflüchtigen würde, proportional
war zu dem Ausmaß, in dem der Schall absorbiert
wurde."*

(W. S. Sabine, Collected Papers on Acoustics;
Forgotten Books 2012, originally published 1922;
Seite 221 – in eigener Übersetzung)

Wenn Sabine sagt, dass „offensichtlich" der Nachhall
in einem unmittelbaren Verhältnis zum Ausmaß der Absorption stehe, dann heißt das ja erst einmal nur, dass
die Nachhallzeit ein geeignetes oder zumindest nahe-
liegendes Analysewerkzeug bieten könnte. Das heißt
aber – „andere Belange gleichwertig" – nicht sogleich
auch, dass die Absorption zur Not alle akustischen
Probleme würde lösen können.

Ich muss also erkennen: Sabine selbst war es – und
ganz ursächlich – der einige dieser Missverständnisse
angestoßen hat, die bis heute fortleben. Und all diese
Missverständnisse haben ja auch durchaus ihre guten
Begründungen.

Allein, Sabine hätte sich vielleicht etwas „weicher"
ausdrücken sollen, wenn er andererseits die unterschied-

lichen Reflexionen als nicht präzise lokalisierbar vorgefunden hatte. Vielleicht hätte er parallel seine eigenen Beobachtungen in Erinnerung rufen sollen, damit diese nicht – infolge seiner eigenen, harten, eher plakativen Worte – so gänzlich untergingen.

… sondern eben, „other things being equal", weiterhin die gleiche Beachtung finden würden.

Die Essenz daraus liest sich im Vorwort zu DIN 18041 wie folgt:

„Die akustische Qualität eines Raumes […] wird wesentlich von der Raumanordnung im Gebäude, der Schalldämmung seiner Umfassungsbauteile, der Geräuschentwicklung haustechnischer Anlagen sowie der Raumform und Raumgröße […] und der Oberflächenbeschaffenheit der Raumbegrenzungsflächen und Einrichtungsgegenstände […] bestimmt."

(DIN 18041:2016-03; Vorwort – Seite 3)

So sehr ich verstehen kann, dass man zu hohe Erwartungen zumindest für *den* Fall dämpfen möchte, dass man mit der Raumakustik nun eben *nicht* mehr alles retten kann, was andere an anderen Stellen längst verbockt haben: Ich fand mich sehr verstört wieder, nachdem ich diese „Haftungsbeschränkung" zum ersten Mal gelesen hatte.

Worum wollte man sich denn dann noch kümmern mit DIN 18041?

Und wenn ich nun die Resonanz von Lehrkräften auf die Räume, in denen ich mein **ReFlx**-System installiert

habe, bekomme, die Sprachverständlichkeit habe sich
‚verbessert', sei gar ‚gut' – und dieses nun auch all den
Corona-bedingten und bereits beschriebenen Widrigkei-
ten zum Trotz – dann ist es wohl *so* schlecht nicht bestellt
um die Möglichkeiten der Raumakustik. Man darf eben
nur nicht für so genannt kleine Räume den Fokus *allein*
auf die Absorption richten.

Das geht ja auch ganz mit Sabine einher, wenn er
unterschiedliche Instrumente der akustischen Sanierung
gleichwertig in Betracht gezogen sehen möchte. Oder
wenn er zuvor in seinem 8. Kapitel, „Materialbeschaffen-
heit und musikalische Klarheit" (original: „*Building Material and Musical Pitch*") etwas umfangreicher über die
besonderen Probleme mit den mittleren und höheren
Frequenzen berichtet.

Sabine führt in diesem Kapitel eben *nicht* nur den Einfluss von Baumaterialien aus, so etwa Bodenbeläge und
Wandbeschaffenheiten in unterschiedlichen Materialien
oder in unterschiedlicher Ausführung. Darüber hinaus
führt er auch ausführlicher den Einfluss von Bestuhlung
ohne oder mit unterschiedlichen Arten der Polsterung
aus, oder dass Polsterung wiederum gar keinen Einfluss
mehr hat, wenn der Saal mit Publikum besetzt ist, also
Personen auf den Polstern sitzen.

Das an sich an guter Akustik höchst interessierte Publikum wird dort von Sabine beschrieben als einer der ver-
heerendsten Einflüsse insbesondere für die mittleren und
höheren Frequenzen. Mit anderen Worten: Genau dieselben, die Hörgenuss erwarten, gefährden diesen – den
Genuss – am stärksten durch ihre bloße Anwesenheit.

Ohne hier nun thematisch abzuschweifen – denn das ist ein Thema für wiederum ein dickes Buch: Es ist mal wieder und wie fast in allen Belangen ein Problem der bloßen Masse.

Eine Handvoll oder auch drei Dutzend Interessierter in einem Konzertsaal könnten einfach genießen – wenngleich der Saal dann entsprechend akustisch ausgerichtet sein müsste. Wenn aber, je nach der Größe eines Saales 170 oder 700 oder 1700 Zuhörer oder Zuschauer eine enorme absorbierende Masse in denselben Saal einbringen, dann wird plötzlich das zahlende Publikum zum eigentlichen Problem.

Sabine beschreibt die Resultate von Experimenten mit 77 Damen und 105 Herren:

„Für die Freundlichkeit des Publikums, für das Experiment auszuharren und auch für die bemerkenswerte Ruhe, die man dabei wahrte, sei außerordentlicher Dank ausgesprochen. [...]

Ohne an dieser Stelle auf die ausführliche Diskussion der Kurven einzugehen, seien hier zwei Aspekte als besonders interessant hervorgehoben.
Der erste ist die fast vollständige Absorption bei den höheren Tönen. Die ist jedoch nur scheinbar widersprüchlich: Die stärkere Absorption, die sich für das Publikum und im Gegensatz zu den Filzpolstern zeigt, rührt daher, dass das Publikum unregelmäßig und ohne reflektierende Oberfläche in Erscheinung tritt. [...]

Die Filzpolster sind von perfekt gleichmäßiger Form und bieten eine vergleichsweise gut reflektierende Oberfläche. Die relativ leichte, dünne und poröse Art der Bekleidung besonders der Damen, sehr wohl mehr als bei den Herren, trägt zu einer starken Absorption der höheren Töne bei."

(W. S. Sabine, Collected Papers on Acoustics; Forgotten Books 2012, originally published 1922; Seite 221 – in eigener Übersetzung)

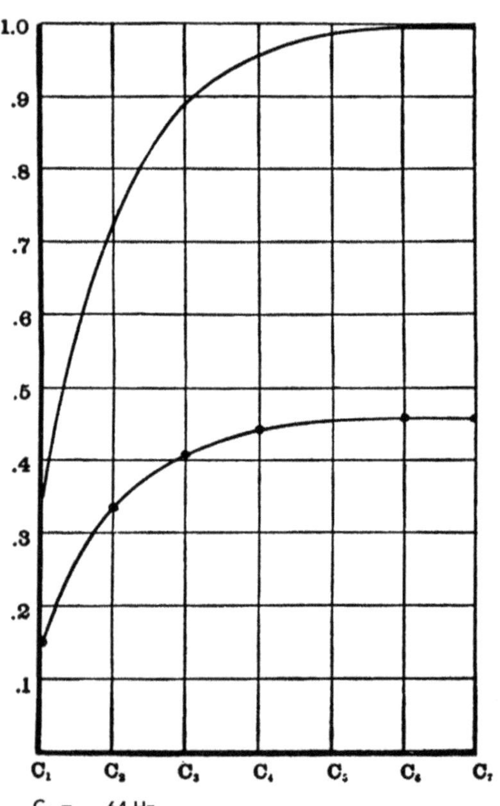

$C_1 = 64$ Hz
$C_2 = 128$ Hz
$C_3 = 256$ Hz
$C_4 = 512$ Hz
$C_5 = 1.024$ Hz
$C_6 = 2.048$ Hz
$C_7 = 4.096$ Hz

(entnommen: Wallace C. Sabine, Collected Papers on Acoustics, 1922 – cap. 2, fig. 2; Forgotten Books 2012, pg. 86)

In meinem Kapitel „Wonach wir suchen", in meiner Publikation „Durch die Raumakustik muss ein Ruck gehen", hatte ich bereits ausgeführt, welche Probleme Sabine darin für die Klarheit von Musik und insbesondere welche Probleme er damit für die Repräsentanz – explizit von ihm beispielhaft aufgeführt – der Violinen gegenüber Celli sieht.

Dort war ich auch schon auf die Skepsis Sabine's gegenüber der bloßen Absorption eingegangen. Andererseits etwa kämpft Sabine mit der Überlagerung: Interferenz bedeutet ja nicht nur eine gegenseitige Störung von direkten und von unterschiedlich reflektierten Klangereignissen – sondern mithin auch deren vollständige Auslöschung.

Ganz so salopp ist das Thema der Raumakustik ja nicht durchgewunken, wie es erscheinen mag, wenn Sabine selbst kurz und bündig zusammenfasste:

> *„Wissenschaftlich betrachtet umfasst das Problem drei Faktoren: Nachhall, Überlagerungen und Resonanzen."*

(W. C. Sabine, Collected Papers..., Kapitel 9)

Erläuterung zur linksseitigen Abbildung (Seite 136; ist Fig. 2 aus Kapitel 2 der ‚Collected Papers' von W. C. Sabine):

Sabine stellt mit der unteren der beiden Kurven die Absorption des Schalls nach Oktaven und pro Person dar, in der oberen Kurve die Absorption des Publikums per Quadratmeter der Zuhörerschaft, bei regulärer Besetzung der Bestuhlung.

Die mit Orgelpfeifen angetönten Testfrequenzen bezeichnet er mit C_1 bis C_7, die ich unter dem unveränderten Grafen von Sabine in Frequenzen aufgeschlüsselt habe, wie er selbst das auch in seiner Bilderklärung tut, nur nicht in der gelisteten Form.

Nur, weil ich gerade dabei bin und weil es mir doch irgendwie auch interessant und beachtenswert erscheint, möchte ich hier einmal darstellen, mit welchem Aufwand

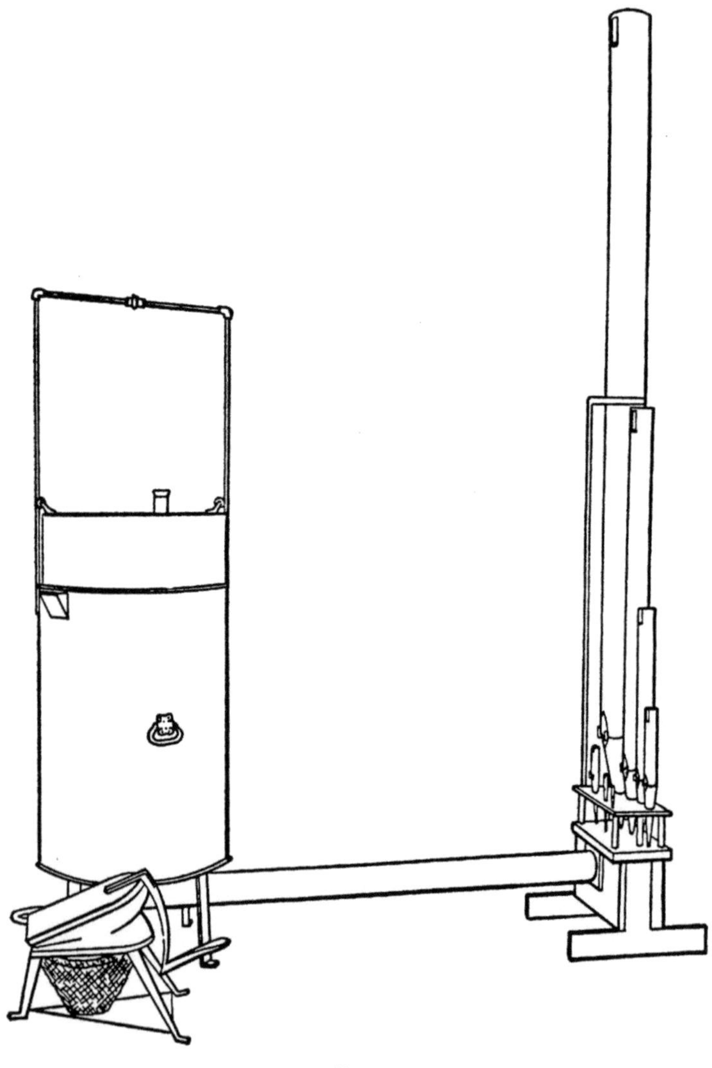

Sabine gearbeitet hatte: Er hatte begonnen mit einer einzelnen Orgelpfeife, die aber stets auch einen zusätzlichen Apparat erforderte, um die Pfeife anblasen zu können.

Bald jedoch musste Sabine erkennen, dass die Analyse des Raumes über nur einen einzigen Ton ihm keineswegs hinreichend Informationen gab, um so etwas wie den Schall in einem Raum verstehen zu können. Während er im Labor seiner Universität offenbar noch viel feiner abgestimmt vorging, scheint seine Standardapparatur, mit der er außerhalb die unterschiedlichsten Räume und Säle analysierte, eine Zusammenstellung von sieben Orgelpfeifen gewesen zu sein.

Mit dieser Apparatur konnte Sabine – gewiss mit beachtlichem Aufwand, aber immer und überall – ganz nach Bedarf von C_1 (64 Hz) bis hinauf zu C_7 (4.096 Hz) alle Töne einzeln oder auch in unterschiedlichen gleichzeitigen Anspielungen, also nach Art der Akkorde, für seine Analysen nutzen.

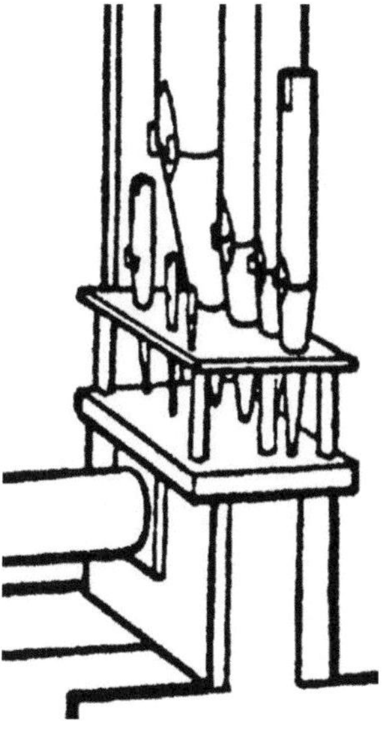

Sabine versäumte nicht, das Publikum auch dankend pauschal zu bedauern – wegen der vermutlich eher unerträglichen Belastungen, die, seiner Anmerkung folgend, insbesondere die nervtötenden höheren Tonbespielungen betrafen.

Seine dankbare Anerkennung galt da insgesamt 182 Geduldigen – die keine andere Aufgabe zu erfüllen hatten, als sich ganz still zu verhalten und schlicht als Absorber präsent zu sein, um verschiedene Dauertöne immer wieder über sich ergehen zu lassen. Um das Gesamtprozedere wenigstens so kurz wie möglich zu halten, hatte er insgesamt 9 Personen unterschiedlich über den Saal verteilt, die die Messungen vornahmen.

Was Sabine so ausführt, mutet bisweilen anekdotisch an. Wenn etwa die Messungen einer Nacht schlussendlich vollkommen unbrauchbar endeten, weil sich über die Nachtstunden ein Gewitter ausgetobt hatte. Oder wenn er von den Arbeiten in einer Nachtkantine berichtet…

Man hatte Messungen in einem neu erbauten Saal geplant. Der wurde dann aber überraschend früher bezogen als vorgesehen, so dass man kurzfristig Ersatz für diesen Raum finden musste. Das Beste, das sich noch bot, war am Ende eine Nachtkantine.

„Die Nachtbeköstigungen wurden für zwei Nächte ausgesetzt. In beiden Nächten wurde die Arbeit häufig gestört. Der Verkehr um das Gebäude herum brach beinahe bis 2 Uhr nicht ab – und setzte schon um 4 wieder ein. Die Neugier von Leuten, die nächtlich zu Fuß unterwegs waren, und auch die Notwendigkeit, der Polizei gegenüber wiederholt

Erklärungen abzugeben, störten erheblich unsere Arbeit. Diese detaillierten Erläuterungen der Umstände, unter denen wir unsere Experimente versuchten, sollen nur die Unregelmäßigkeiten erklären, die sich in den Kurven widerspiegeln – und weshalb ein brauchbarer Vergleich mit anderen, früheren Messungen doch scheiterte.“
(Wallace C. Sabine, Collected Papers on Acoustics, 1922; Forgotten Books 2012 – Seite 228 – in eigener Übersetzung)

Ich mag mich täuschen.

Aber aus meiner Sicht beweist Sabine eine feine Sensibilität für die Schwierigkeit, den höheren Tönen – und eben insgesamt den höher tönenden Instrumenten – in geschlossenen Räumen die nötige Kraft und ausgewogene, realistische Gegenwärtigkeit zu verschaffen.

Aber selbstverständlich muss man sich auch vor Augen führen, dass Sabine diese Probleme in größeren Räumen, in Theater- oder Konzertsälen, konkret für die Verständlichkeit von Sprache in Hörsälen angegangen ist.

Hingegen nicht – oder wenn überhaupt, dann kaum – in kleinen Räumen: in Besprechungs- und Seminarräumen, in kleinen Konferenzräumen, in Klassenräumen…

Und genau das – ganz vergleichbar – sehe ich dann auch niedergeschlagen in einer DIN 18041, wenn dort zu finden ist, dass der Direktschall über eine Distanz von bis zu 8 Metern für eine gute Sprachverständlichkeit vollkommen ausreiche. In der subjektiven Empfindung und im Vergleich solcher extrem unterschiedlich großen Räume mag das dann auch zutreffen.

Konkret zu den Problemen mit Sprachverständlichkeit und mit dem Direktschall in so genannten „kleinen Räumen", etwa in Klassenräumen, hatte ich umfangreiche Ausführungen in „Durch die Raumakustik muss ein Ruck gehen" bereits geboten:

Für Lehrkräfte, die täglich und über Stunden in der unmittelbaren Abhängigkeit vom Hören und Verstehen einzelner Worte arbeiten, entbehren solche Feststellungen dann jeder *inhaltlichen* Verständlichkeit. Oder Beschäftigte und Selbstständige, die regelmäßig in 15- oder 45-Minuten-Besprechungen oder in Besprechungen und Diskussionen regelmäßig über Stunden hinweg von der Verständlichkeit einzelner Worte abhängig sind, wenn Pläne, Entwürfe oder konkrete Anweisungen ausgearbeitet werden, sprechen von einer bedeutenden bis extremen Anstrengung und Konzentration, die allein für das bloße Hören aufgebracht werden müssen.

Die alle ertragen nur schwer die Auswirkung einer ganz konkreten mangelhaften Sprachverständlichkeit.

Den allen ist eine schlechte Sprachverständlichkeit eine hohe und überflüssige zusätzliche Arbeitsbelastung.

Sprachdeutlichkeit

Für die Unterdrückung des Störschalls opfert man zwanglos die Chance, einen reinen Klang für Musik oder eine hohe Sprachdeutlichkeit zu erlangen.

Und ich spreche hier jetzt einmal abweichend von **Sprachdeutlichkeit** – weil der Begriff der *Sprachverständlichkeit* an sich schon so sehr abgenutzt ist durch das bisherige Verständnis:

Die außerordentliche Sprachverständlichkeit, die durch die Installation des **ReFlx**-Systems erreicht wird, hebt sich entschieden ab von jener „Sprachverständlichkeit", die man im Rahmen einer DIN 18041 anstrebt durch eine besondere Absorption in kleinen (**bis** mittelgroßen) Räumen und eine besondere Absorption gerade in den mittleren und höheren Frequenzen – also genau dort, wo zugleich auch Klarheit von Sprache stattfindet.

Da ich mich in „Durch die Raumakustik muss ein Ruck gehen" bereits kapitelweise zu Sprache, Verständlichkeitsproblemen und dem Hören an sich ausgelassen hatte, möge mir erlaubt sein, es an dieser Stelle mit der bloßen Erwähnung bewenden zu lassen.

Es ist schlicht ein Mangel der bisherigen wissenschaftlichen Ergründung von Schall an sich, dass man die Bedeutsamkeit der Raumkanten mindestens heruntergespielt, gern auch gleich ganz aus dem Feld geschlagen hat. Allein Helmut V. Fuchs hat sich über all die Jahre unbeirrt gezeigt – und versucht weiterhin, der Raumkante zu jener Geltung zu verhelfen, die ihr gebührt.

Dass – und aus meiner Sicht, weshalb – Fuchs dabei nur allzu gern missverstanden wird, dazu habe ich mich in meiner Publikation „Durch die Raumakustik muss ein Ruck gehen" immer wieder ausführlich geäußert. Das möchte ich also hier nicht wiederholen, etwa mit dem Ziel, diese Publikation auf Seitenumfang zu trimmen, ohne etwas Neues in die Welt zu setzen.

Man darf mich gern daran erinnern, dass ich mich bezüglich der Spalten ja auch ganz zwanglos wiederhole. Allein, mir war aufgefallen, dass ich die Spalten viel zu beiläufig erwähnt hatte. Die Spalten aber, zu denen ich mich schon im Kapitel „Die Spalte willkommen heißen" ausgelassen habe, hatte ich in meiner ersten Publikation nur zweimal knapp erwähnt. Nämlich auf Seiten 65 und 225. Ich muss aber einsehen, dass das der ursächlichen Wichtigkeit der Spalte einfach nicht gerecht wird.

Die Bedeutung der Spalte ist für die Beherrschung der Raumakustik über die Raumkanten weder bereits selbstverständlich, noch aus sich selbst heraus leicht verständlich. Deshalb braucht es in dieser Publikation der sehr deutlichen Hervorhebung, dass die ganze Wirksamkeit des **ReFlx**-Systems sich um die Spalte dreht.

In meiner Publikation „Durch die Raumakustik muss ein Ruck gehen" hatte ich ja bereits die Forderung ausgesprochen und umfänglich erläutert, dass man Räume nicht als Volumen auffassen könne, auch erst in zweiter Linie seine Flächen sehen müsse, sondern dass man einen Raum in erster Linie als ein Gerüst aus Ecken und Kanten verstehen müsse. Und von denen sind es auch nur die

nach innen gerichteten, die sich schädlich auf den Klang
auswirken.

‚Eigentlich' hatte Wallace C. Sabine bereits niedergeschrieben, **weshalb** das so ist – allerdings, ohne das damals schon erkannt und hinreichend analysiert zu haben.
Seiner Ansicht nach waren die einzelnen Störungen ja
nicht lokalisierbar. – So hat er dann auch den besonderen
Einfluss der Raumkanten nicht aufgedeckt.

Ich muss jedoch auch nachdrücklich daran erinnern,
dass Wallace C. Sabine infolge einer Erkrankung mit nur
51 Jahren aus dem Leben geschieden war – und weder
mit dem Leben an sich, noch mit seiner Arbeit und seinen
Studien zu einem sinnigen Ende hatte gelangen können.

„Die musikalische Qualität eines Klanges hängt von der
relativen Deutlichkeit seiner Obertöne ab", hatte Sabine
in seinen ‚Collected Papers on Acoustics' geschrieben
(Seite 81 des Reprints). Ich verweise auf das Kapitel „Wonach wir suchen" meiner anderen Publikation, um mich
hier nicht umfänglich zu wiederholen.

Jedenfalls wird schon in ersten Ansätzen bei Sabine
klar, dass viel Absorption gerade den höheren, aber auch
den mittleren Frequenzen – eben unter dem Oberbegriff
der „Obertöne" zusammengefasst – erheblich schadet,
die Klarheit von Musik beeinträchtigt… und in der Konsequenz auch so etwas wie Sprachverständlichkeit deutlich
bis verheerend beeinträchtigt.

Das ReFlx-System sorgt für klaren Klang

Dadurch, dass die Reflektoren – dem Raum in optimierter Schräge zugewandt – die mittleren und vor allem die höheren Frequenzen relativ begünstigen, sorgt das **ReFlx**-System zusammen mit der Entstörung der Raumkanten für einen transparenten, klaren Raumklang.

Dieses zwar etwaig – abhängig von der Beschaffenheit der Wände und dem Vorhandensein von Schränken oder Regalen – noch immer mit einem gewissen *Halligkeit*, die sich aber nicht mehr störend aufdrängt.

Und dieses System hilft und wirkt deutlich – auch unter den besonderen Bedingungen des steten Lüftens, zugleich also der praktisch permanent erheblich stärkeren Störeinflüsse von außen.

Selbstverständlich darf – und muss sogar – die Frage aufkommen, weshalb diese Reflektoren von 420 mm Höhe (bei variablen Breiten, je nach den Möglichkeiten) nicht den tiefen Frequenzen wiederum im gleichen Maße unter die Arme greifen sollten, wie den höheren.

Ich könnte nur wiederum vergleichend eine Erklärung versuchen, wie auch Physiker es tun: Wenn nämlich die „längere Welle" über einen Gegenstand oder ein Loch einfach hinwegflutet, weil Gegenstand oder Loch für die tiefe Frequenz zu klein sind, wenn aber eine hohe Frequenz an einem gleich kleinen Gegenstand Reflexion oder an einem gleich kleinen Loch Durchgang erfährt, dann gilt dasselbe auch für meine Reflektor-Schilde.

Umgekehrt – und aufgrund aus meiner Sicht physikalisch überhaupt noch nicht geklärten Ursachen und

Zusammenhänge – stören dieselben Schilde die tieferen Frequenzen jedoch insoweit hinreichend, als sie in der Raumkante ihre Energie nicht potenzieren können.

Dieselben Schilde stehen der Entwicklung negativer Energie auch im tieferfrequenten Bereich nach demselben Schema und noch hinreichend im Wege, wie den höheren Frequenzen. Aber die Reflexion der tieferfrequenten Energie ist nur bruchteilig, während die höheren Frequenzen komplett zurückgeworfen werden.

Dabei bitte ich selbstverständlich zu beachten: Ein Reflektor-Schild aus Holz hat eine gewisse Porosität (abhängig von der Härte des verwendeten Holzes), während Feinsteinzeuge oder Glas als hinreichend schallhart gelten dürfen. Eine andere Wirksamkeit als bei Schilden mit Metalloberfläche ist nicht mehr zu erwarten.

Meine Versuche mit einer nur 1 mm dünnen Stahlplatte auf 8 mm Spanplatte roh haben in dergleichen Weise funktioniert wie das massivere und schallharte Material – bedurften dabei aber entweder des zusätzlichen innenliegenden, dann ebenfalls schallharten Schildes, oder alternativ der Absorption, diese direkt auf der Rückseite des Reflektorschildes oder integriert im Trägerelement.

*R 122 der Städt. Realschule Waltrop, mit **ReFlx**-System:*

Es gibt noch viel zu finden

Ich möchte es als meinen Aufruf an all diejenigen verstanden wissen, die an Forschung im engeren oder weiteren Sinne interessiert oder unmittelbar in der Forschung tätig sind:

Jetzt geht es erst los!

Die Gründe, weshalb die Sprachverständlichkeit oft so miserabel ist, oder weshalb Musik oftmals so furchtbar grummelig und dumpf klingt, sind rein wissenschaftlich betrachtet noch gar nicht erklärt.

Weil wissenschaftlich betrachtet die Raumkante bisher akustisch nicht wirklich ergründet worden ist.

Und ich gebe hier gern noch einmal Nocke wieder, der schon gleich eingangs seines „Kommentars zu DIN 18041" die Erwartungen gedämpft hat:

„Die Norm berücksichtigt den aktuellen Kenntnisstand bezüglich Hörsamkeit und Inklusion. Eine vollständige wissenschaftlich begründbare Ableitung für genaue numerische Anforderungswerte ist hierfür zurzeit nicht bekannt."

(Chr. Nocke, Hörsamkeit in Räumen – Kommtar zu DIN 18041; Beuth 2018 – Seite 14)

Auch darauf war ich bereits in meiner Publikation „Durch den Raumakustik muss ein Ruck gehen" genauer eingegangen – und belasse es also an dieser Stelle bei der kurzen Erwähnung.

Mir stellt sich natürlich die Frage, ob die Akustik sich bisher zu sehr auf die gängigen Methoden beschränkt hatte, um den Schall in einem Raum zu erfassen. Denn noch heute arbeitet man im Grunde mit denselben begrenzten Möglichkeiten, Schall in einem Raum zu erfassen, wie vor über 100 Jahren Wallace C. Sabine.

Ulf. J. Werner etwa weist uns in seinem „Handbuch Schallschutz und Raumakustik" (2. überarb. Aufl.; Beuth 2015), darauf hin, dass bereits Sabine's C_7 gegenüber dem Violin-C (entspr. C_4) effektiv ca. 25 mal schwächer an der Luft übertragen wird. Bei Werner sind das selbstverständlich die Frequenzen von 500 Hz bzw. 4.000 Hz.

In „Durch die Raumakustik muss ein Ruck gehen" war ich auf diese Problematik – insbesondere im Hinblick auf die Hörbarkeit der energiearmen Konsonanten auch bereits in kleinen Räumen – ausführlicher eingegangen.

Solche Hinweise von Werner, dann die Ausführungen bereits Sabine's, schließlich die praktischen Erfahrungen so vieler Geplagter mit mangelhafter Sprachverständlichkeit in kleinen Räumen… All das deutet recht entschieden darauf hin, dass die vergleichsweise plumpen Methoden, Schalldruck oder Nachhallzeiten zu messen, dem Phänomen des Schalls an sich nicht gerecht werden können – und kaum geeignet sind, den Schall wirklich **be**greifbar zu machen.

Wenn Sabine beschreibt, den Verlauf des gesamten Schallereignisses könne man als einen „Prozess multipler Reflexionen" betrachten, dann scheint ihm aber die Bedeutsamkeit der in verschiedenen Frequenzen verschieden stark wirkenden Luftdämpfung noch nicht bewusst gewesen zu sein.

Wenn Sabine dann an anderer Stelle (*wie bereits erwähnt und von mir in „Durch die Raumakustik muss ein Ruck gehen" eingehender besprochen*) der starken Verschiebung des Verhältnisses zwischen tieferen und höheren Frequenzen gar seine ganz besondere Beachtung widmet, dann hat Sabine aber zumindest eine Ahnung verspürt, dass der Reflexion eine große *konstruktive* Bedeutung zukommen müsse.

Bisher und in noch unbehandelten oder in akustisch „normal" ausgestatteten Räumen gehen jene höheren Frequenzen, die umständehalber und gleichsam schicksalhaft in die Raumkante geraten, in der akustischen „Verbreiung" (ich weise nur salopp beispielgebend auf die pürrierende Kraft des sog. „Zauberstabs" hin) ganz einfach unter: in der damit auch verbundenen Überbetonung der mittleren und insbesondere tieferen Frequenzen. – Und sind damit verloren.

*Nun aber sorgt das **ReFlx**-System dafür, dass die mittleren und besonders die höheren Frequenzen unmittelbar von der Reflektorfläche in den Raum zurückgeworfen werden. Das gilt auch für den Reflektor aus Fichtenholz – der trotz des vergleichsweise „weichen" Holzes, wiederum wegen der glatten Oberfläche, keine bedeutende Abschwächung bedingt.*

Zugleich verhindert dasselbe System aber, dass sich aus der Richtung der Raumkante für diese mittleren bis höheren Frequenzen eine laute Störkulisse abbildet: Die reflektierten mittleren und höheren Frequenzen kommen ohne Hintergrundstörung als zusätzliches akustisches Informationssignal beim Hörenden an!

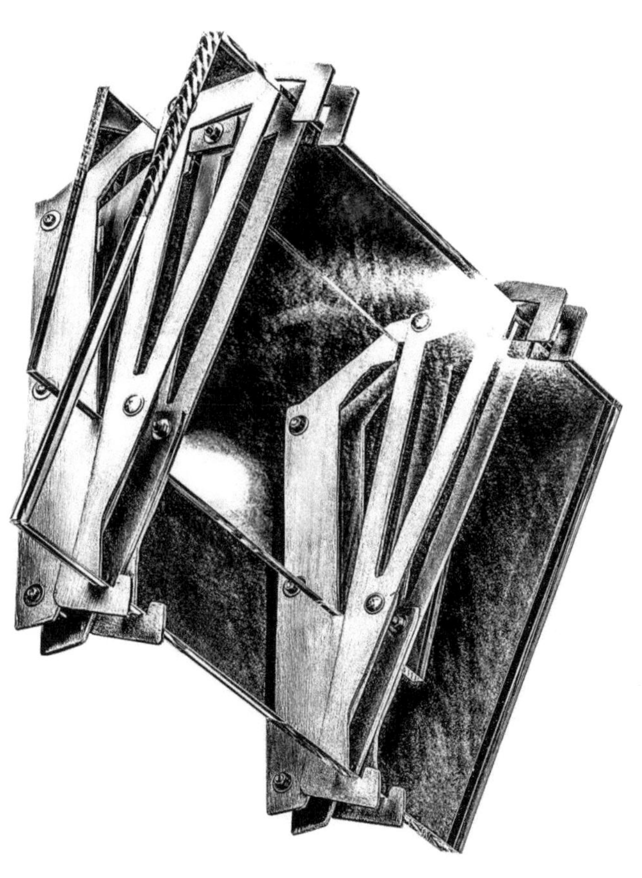

Dummy des **ReFlx**-Systems in Glas
auf Edelstahlträgern

Mir ist wohl bewusst, dass die Fachwelt für kleine bis mittelgroße Räumlichkeiten der Luftdämpfung bisher keine praktische Relevanz zubilligen mag. Aber der *praktische Alltag* deutet auch hier mal wieder in die entgegengesetzte Richtung: In klassisch nach DIN 18041 bedämpften Räumen legt die dumpfe Klangcharakteristik und die in Wahrheit schlechte Sprachverständlichkeit immer wieder Zeugnis dafür ab.

Stimmlose Konsonanten sind ohnehin energiearm – und können dann gegen vokalische und mittelfrequente Ausdrücke kaum lange Bestand haben. Will sagen: Solch schwache konsonantische Ausdrücke sind dann schon nach drei bis vier Metern gegenüber dem übrigen Sprachmuster in der Relation so deutlich unterprivilegiert, dass sie im Kontext erkannt werden müssen – oder eben als ‚unbekannt' nicht dekodiert werden.

Ich hatte in meiner ersten Publikation bereits dazu ausgeführt und Werner's tabellarische Darstellung wiedergegeben (Ulf J. Werner, Handbuch Schallschutz und Raumakustik; Beuth Verlag, 2. überarb. Aufl. 2015 – Seite 123), um auf die nicht zu verachtende „Zähigkeit" von Luft hinzuweisen.

Es ist natürlich nur so eine Parabel, wenn ich hier von „Zähigkeit" der Luft spreche. Aber wenn der von Werner angeführte so genannte Dämpfungskoeffizient bei 500 Hz gegenüber 4.000 Hz bereits um den Faktor 50 größer und dabei zudem einem zu den höheren Frequenzen hin logarithmisch noch zunehmenden Verlauf unterworfen ist, dann mag man zumindest erahnen, um ein Wievielfaches der Grundton der Stimme gegenüber den ohnehin kraftloseren, höheren Konsonanten bessergestellt ist.

Je mehr nun insbesondere den mittleren bis höheren Frequenzen durch Absorber die Reflexionsmöglichkeiten genommen werden, desto ausgeprägter wird Sprache dumpf und schwer verständlich.

Ich erlaube mir, an dieser Stelle auf das Kapitel „Hohe Frequenzen sterben einen schnellen Tod" in meiner anderen Publikation zu verweisen, wo ich dann auch wiederum etwas detaillierter auf die Konsequenzen für die Raumakustik eingehe.

Das bestätigt sich dann auch im praktischen Vergleich umso mehr, nachdem ich Klassenräume mit meinem **ReFlx**-System ausgestattet habe – auch einen solchen, der mit vollflächig bedämpfender Decke bereits ausgestattet ist.

… und nun deutlich wird, wie aus dem Zusammenspiel der Beruhigung der Raumkanten PLUS der sehr gezielten Reflexion vor den Raumkanten die Sprache außerordentlich klar, ja nachgerade „spitz" wird, weil die energiearmen hochfrequenten Sprachsignale gegenüber den tieffrequenten – bis tieferen mittelfrequenten – Signalen sozusagen eine unproportionale Übervorteilung erfahren.

Die so „verschobene" Sprache kann sich nun sogar – in akustisch bisher unbehandelten Räumen und somit bei insgesamt noch immer relativ langem Nachhall – in demselben Raum sehr gut durchsetzen.

Das möchte ich dann der Klarheit halber auch hier noch einmal als **Sprachdeutlichkeit** hervorheben.

Aber ich muss hier auch noch einmal ein bisschen

die Gedanken schweifen lassen, wenn es darum geht, nach Möglichkeiten der Analyse von Schallereignissen in geschlossenen Räumen zu suchen.

Wenn ich bei Henning Beck lese: „… kann ich aus der Geschwindigkeitsverteilung aller Luftmoleküle ableiten, welche Temperatur im Raum herrscht", dann kommt mir da durchaus mal die Idee, ob es nicht gar…

Während nun also eine tatsächliche Temperatur-erhöhung, zum Beispiel in den Raumkanten, tatsächlich messbar sein könnte, so geht es mir auch hier wieder nur um den anderen Betrachtungsstandpunkt.

„[*die Temperatur im Raum*] ergibt sich eben genau aus allen Geschwindigkeiten aller Moleküle. Bewegen sie sich schneller, ist es wärmer, werden sie langsamer, wird es kälter."

(Henning Beck, Das neue Lernen heißt Verstehen; Ullstein, 3. Aufl. 2020 – Seite 18)

Wenn ich so etwas lese, dann habe ich da schon mal so die abstrusesten Gedanken und Einfälle, um über Möglichkeiten der Schalldetektion nachzudenken. Auch wenn man nun nicht gleich mit dem Thermometer dem Lärm hinterher steigen muss…

Ich habe mir also die Grafik von Nocke noch einmal vorgenommen, die ich in „Durch die Raumakustik muss ein Ruck gehen" noch unverändert zitierend wiederge-geben hatte. Die Grafik ist eingängig im Hinblick auf die Beschaffenheit von Schall, insoweit als Schalldruck eben nichts anderes ist als Teilchenverdichtung.

Aber die Welle, die Nocke darüber gelegt hat, emp-finde ich persönlich als eher verstörend, weil sie wieder in dieses bisherige Denkschema drängt – nämlich, sich den Schall dann doch wieder als „Welle" vorzustellen.

Aber wie ich ja bereits in meiner gerade genannten Publikation ausgeführt hatte: Es *gibt* keine „Schallwellen". Weil Schall nicht im eigentlichen Sinne mit Wellenbewegungen daherkommt.

Den Teilchenverdichtungen in der Luft sind jene Schwingungen fremd – die Membranen oder Oberflächen von Gegenständen sehr wohl abbilden, wenn Schalldruck auf sie einwirkt. Aber das ist ja eben nicht das Gleiche; es ist sich kaum ähnlich.

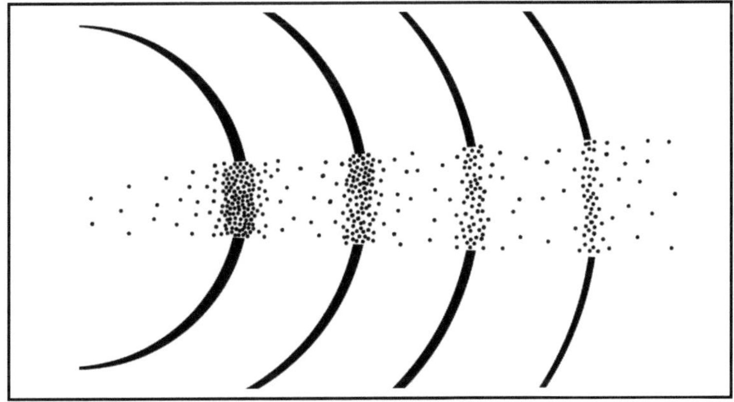

– schematisierte Darstellung zur Verdichtung von Luftteilchen durch so genannte Schallereignisse –

Für die Übertragung an der Luft bedeutet ein Schallereignis die stoßweise Verdichtung der in der Luft befindlichen Teilchen, spich der Moleküle. Je weiter weg die Schallquelle oder etwaig ohnehin je schwächer das, was ich einmal vereinfacht die Lautstärke nenne, desto geringer fällt auch diese Verdichtung aus.

Kontakt:

raumakustik-premium.de

gerhard@raumakustik-premium.de

Raumakustik Premium e. K.

Gerhard Ochsenfeld

Unterer Eickeshagen 30
42555 Velbert - Langenberg

+49 2052 – 92 84 650

+49 160 – 785 1447